园林景观精品课系列教材

景观工程与施工技术

程春雨 主编

JINGGUAN
GONGCHENG
YU
SHIGONG
JISHU

化学工业出版社
·北京·

内容简介

本书共分为八个项目，详细介绍了项目前期准备的重要性以及相关的技术要点，针对土方工程施工、水电安装施工、硬质铺装施工、假山施工、水景工程施工、景观建筑及小品施工、绿化施工以及工程竣工验收与成品保护等项目，提供了基本的施工流程分解和实用的技术指导。本书旨在帮助读者掌握景观工程施工的常见流程和关键技术，提高工作效率和质量，为从事与景观工程相关工作的人员提供一本易读且便于查阅的参考书，帮助他们更好地理解和应用相关技术，提升自身的专业水平。

本书适合环境艺术设计、园林工程技术等专业的学生学习使用，对于这些专业的工程师、设计师以及其他相关从业人员也具有很好的参考价值。

图书在版编目（CIP）数据

景观工程与施工技术/程春雨主编.—北京：化学工业出版社，2024.6

ISBN 978-7-122-45210-8

Ⅰ.①景… Ⅱ.①程… Ⅲ.①景观-工程施工-高等职业教育-教材 Ⅳ.①TU986.3

中国国家版本馆CIP数据核字（2024）第051597号

责任编辑：毕小山　　文字编辑：冯国庆
责任校对：李雨函　　装帧设计：刘丽华

出版发行：化学工业出版社
（北京市东城区青年湖南街13号　邮政编码100011）
印　　刷：三河市航远印刷有限公司
装　　订：三河市宇新装订厂
787mm×1092mm　1/16　印张12¼　字数273千字
2024年6月北京第1版第1次印刷

购书咨询：010-64518888　　售后服务：010-64518899
网　　址：http://www.cip.com.cn
凡购买本书，如有缺损质量问题，本社销售中心负责调换。

定　　价：49.00元　

编写人员名单

主　编：程春雨

副主编：刘小丹

参　编：李　月、殷　茵、杨晓东

前言

随着我国经济的不断发展，我国景观行业发展迅速。在近几年的发展过程中，人们对景观外观设计、内在功能的要求不断提高。景观工程施工是实现最终效果的极为关键的环节，可以说，没有高质量的施工环节就没有高质量的景观作品。而施工环节的质量又取决于相关从业者的技术水平，对这些从业者的培养、培训具有重要的意义。

基于以上背景，编者针对景观初学者和相关从业人员编写了本书。本书从景观施工建设者的角度出发，以A小区工程现场实际做法为基本内容，对部分细节做法配有施工图和现场施工图片，以期能为景观设计施工从业人员，特别是广大环艺专业学子学习专业知识和技能带来一些便利。

本书以拓展阅读的形式介绍了我国在景观工程领域取得的杰出成就，注重弘扬我国优秀文化，力求激发学生们学好专业知识的热情，更好地激励学生们树立报效祖国的志向，成为爱党报国、敬业奉献、德才兼备的高素质、高技能人才。

本书在编写过程中，汇集了一线施工人员在各种工程中的不同细部做法经验总结，也学习和参考了有关书籍与资料，在此一并表示衷心感谢。

参与本书编写的人员有：程春雨、刘小丹、李月、殷茵、杨晓东。其中主编程春雨负责编写项目一、二、三、六；副主编刘小丹负责编写项目四、五；参编李月、殷茵负责编写项目七、八，并整理图片和文字；杨晓东提供技术支持和项目资源。

由于编者水平有限，书中难免会有不足之处，敬请读者多加批评和指正。

编者

2024年1月

目录

项目前期准备

知识要求

① 掌握 A 小区施工前对工程招标公告或业主要求的分析方法。
② 掌握 A 小区施工前对施工图的分析方法。
③ 掌握 A 小区工程建设施工组织管理的主要内容。
④ 掌握 A 小区施工前准备工作的特点和要求。

技能要求

① 能对招标公告或业主要求提出技术问题。
② 能根据施工条件对 A 小区施工图提出技术问题。
③ 能根据施工管理要点，针对如何组织施工进行合理分析。
④ 能根据 A 小区特点合理做好人、材、机准备工作。

素质要求

① 具备仔细阅读工程招标公告或业主要求的工作态度。
② 养成详细阅读图纸并遵循施工图展开施工的习惯。
③ 具备协调施工前各项工作的能力。

【项目学习引言】

景观工程施工包括居住小区、城市广场、庭院和城市公园等不同类型的施工项目。在实际工程实践中，居住小区和庭院景观施工的数量最多。本书以居住小区景观施工项目为主要内容，介绍景观工程施工的主要分项工程流程和技术要点。本书的主要任务是为学生提供景观工程施工的基本知识和技能，以及为从事景观工程施工、景观设计、景观工程管理等职业的人员提供专业知识与技术支持。

本课程以 A 小区景观与绿化施工技术中常见的模块为主要内容，将 A 小区景观施工流程分为不同项目形式，科学设计学习项目。学生学完课程内容后，能够熟悉居住小区景观施工操作技术和要点，进而了解其他类型景观工程施工中相关项目的施工操作流程和技术要点。本项目重点介绍了A小区施工的概况，以A小区景观工程施工为典型案例，针对招标要求或业主公告、施工图纸、施工现场进行分析，为施工做好各方面的准备工作。

小区景观施工是各分项工程在小区中的综合实施，既有单个项目的自身推进，也有多个项目之间的配合协调。好的施工应该条理清晰、进展顺畅、人材机配合协调、资源物尽其用，施工成果最大限度还原设计意图和效果。最终的景观效果不仅取决于前期的景观设计，而且与施工质量和后期养护密切相关。项目的前期准备看似平淡无奇，却是所有工程顺利开展的至关重要的先导环节。

【工作流程】

工程招标公告或业主要求分析→A小区施工图分析→A小区施工管理内容分析→A小区施工前准备工作分析。

【操作步骤】

步骤一：业主要求分析

A小区施工主要以甲方委托设计单位提供的施工图为准，邀请施工单位施工并按照国家相关规范验收。A小区景观工程主要采用的是邀请招标或公开招标的方式。

A小区建设方要求如下。

工程地址：×××市×××街。

资金来源：自筹。

质量要求：一次性验收合格。

工期要求：×××日历天。

项目安全资质等级要求：合格。

图纸会审时间：20××年××月××日～20××年××月××日。

施工范围：图纸内涉及的景观工程（图0-1）。

工程造价：×××××××元。

1. 对项目经理的要求

项目经理应该由国家注册建造师担任。本项目施工方派遣具备国家注册二级建造师执业资格及具有景观工程师职称的员工作为项目经理，负责工程承包合同专用条款中指定的施工管理、合同履行工作，并作为本合同的代表，对发包工程的工期、进度、质量、安全、环境、成本和文明施工进行管理、考核验收。

2. 对工期的要求

为满足工期要求，施工单位应合理制订施工计划，规划好施工进度。然而，由于A小区工程的施工特点，特别是业主对质量的高要求，影响进度的因素较多。只有充分认识和估计这些因素，才能编制和执行控制施工进度计划，并尽可能使施工进度按计划进行。如果出现偏差，施工管理者应定期检查实施进度情况，并考虑有关影响因素，分析产生的原因。

3. 图纸会审的时间

根据业主的要求和安排，施工单位应自觉遵守图纸会审的时间。在图纸会审过程中，应做好记录。通过图纸会审，施工单位可以熟悉设计图纸，理解设计意图，掌握工程特点及难点，找出需要解决的技术难题并拟定解决方案。这样，施工单位就可以在施工之前解决因设计缺陷而存在的问题。

4. 验收要求及工程造价

正常情况下，业主要求一次性验收合格。如果第一次验收不合格，业主有权要求施工单位进行补修或返工处理，并进行第二次验收。以上事项可在合同中约定。景观工程的预决算涉及工程造价，需要施工单位组织相关人员核实。

步骤二： A 小区施工图分析

当收到设计院的施工图及设计文件后，施工单位应该组织相关人员认真仔细地审查图纸，以便发现其中存在的问题和不合理情况。一旦发现，施工单位应该将这些问题提交给设计院进行处理，这样可以确保施工图的准确性和合理性。

1. 施工平面图分析

A 小区施工平面图如图 0-1 所示。

施工平面图是景观工程中的重要文件，它包括多个部分，如施工平面总图、索引平面图、竖向设计图、方格网定位图、尺寸标注平面图、材料标注平面图和植物配置图等。这些图纸的作用是帮助人们了解景观工程的构成和各个要素之间的关系。

首先，施工平面总图和施工设计说明部分初步介绍了图纸构成，明确了景观工程各个要素的特征和相互之间的关系。

其次，索引平面图提供了图纸中各部分的特征，可以通过查找索引的相关图纸资料来检查资料是否全面。

然后，通过现场勘察即可了解施工图纸中的竖向设计是否合理，是否符合场地要求。

此外，通过尺寸标注平面图可以核实尺寸是否准确。

在审查材料标注平面图时，需要检查是否有缺项，如有缺项，应在图纸会审中提出。

最后，通过植物配置图可以检查苗木规格是否正确，苗木数量图例和图纸中表示的是否一致。

综上所述，施工平面图的各个部分都有其重要的作用，通过对这些图纸的审查和核实，可以确保景观工程设计和施工的准确性及完整性。该项目全套施工图纸包含了地形图、硬质铺装工程施工图、水景工程施工图、景观建筑小品工程施工图及绿化工程施工图。对审查出的问题应进行汇总，并将问题列表反馈给设计方。

2. 施工图分析

根据每个部分的索引标号，找到相应的施工详图查看结构大样，包括局部平面图、剖面图、断面图、立面图等。其中通过局部平面图主要了解平面尺寸、材料与平面关系；通过立面图主要了解廊柱墙体等的厚度或高度、材料应用位置、材料之间的关系；通过

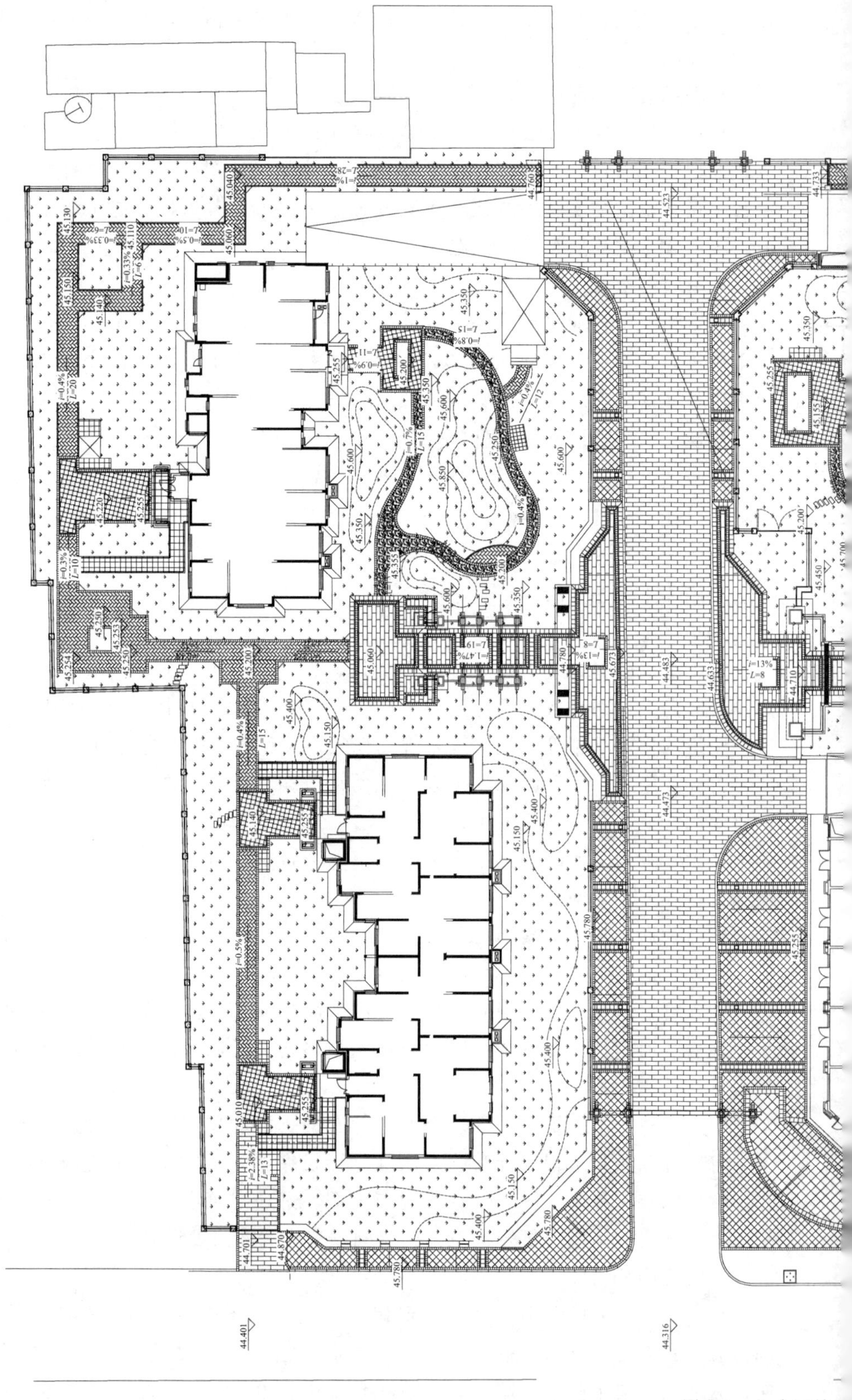

图 0-1　A 小区施

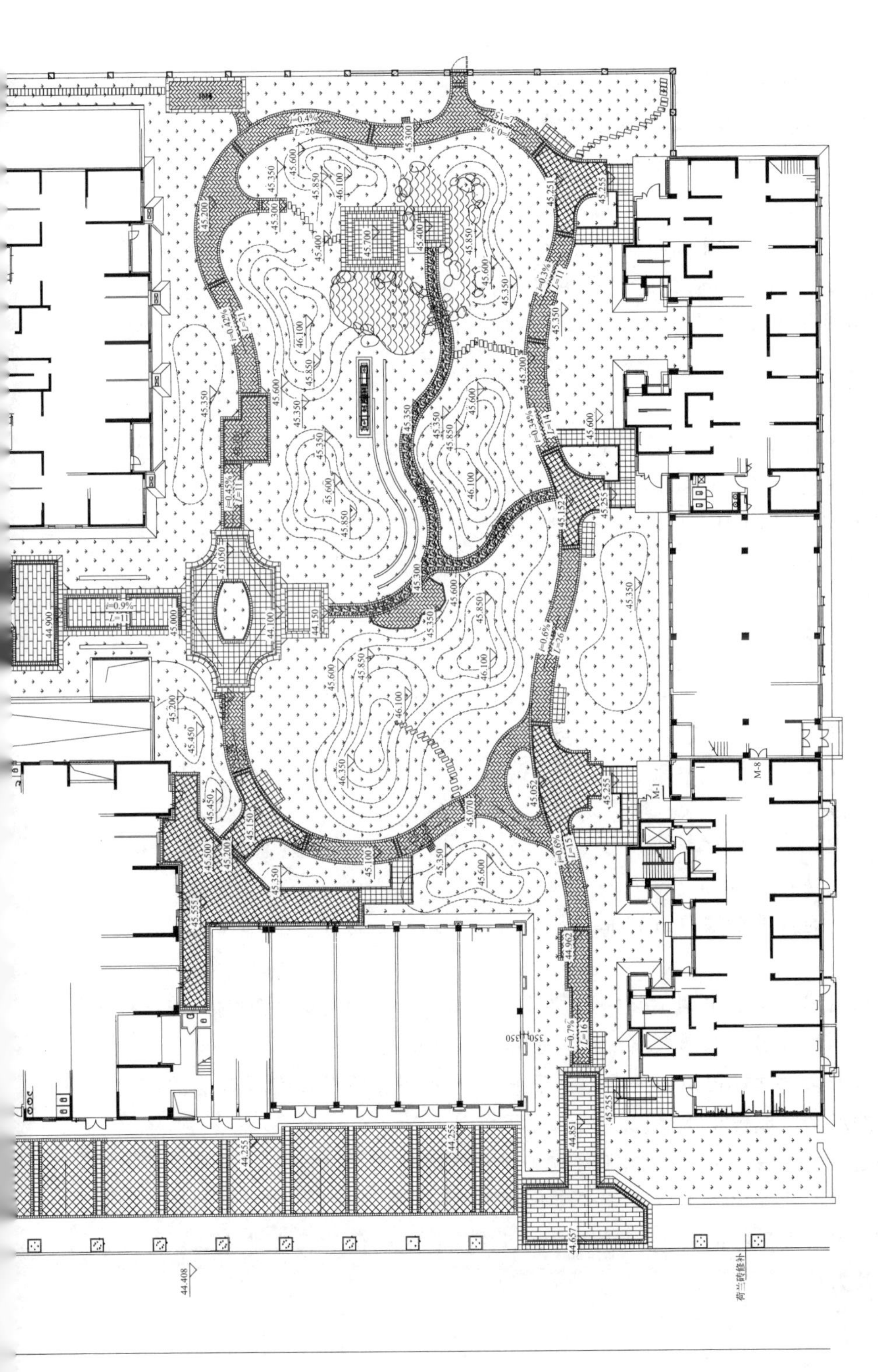

总平面图

剖面图、断面图主要明确结构的尺寸和材料、基础的施工做法。

施工单位通过施工图纸的详图了解具体的木平台及园路做法、水池做法、假山石尺寸、异型装饰墙做法、亭及廊架做法等，并核查材料规格尺寸是否正确，为进一步施工做好准备。

步骤三： A 小区施工管理内容分析

根据对 A 小区工程建设方的要求和施工图纸的分析，为了取得各阶段目标和最终目标的实现，在进行各项活动时必须加强管理工作。主要管理内容如下。

1. 施工进度管理

为确保按时开工，需要在开工前做好充分的准备工作。由于实践中常常会遇到各种意料之外的干扰，因此需要特别关注各项审批流程动向，力争运行顺畅，不耽搁不必要的时间。在充分的前期准备中，各种资源的调配协调也非常关键。如果不能按期开工，后续工程进度会有很大的可能受到影响。因此，开工前必须确保各项工作准备充分。

① 进度计划严格按施工阶段节点控制，分土方工程、水电工程、硬质铺装工程、假山工程、景观小品建筑工程、种植工程等。

② 各分部工程按专业组织人员，进行合理工序穿插与平行流水施工。各施工班组充分实行平行流水施工作业和部分立体交叉施工作业，提高施工效率。

2. 劳动力管理

劳动力管理的任务包括以下几个方面。

劳动力配备：根据工程的需求和要求，合理配置劳动力，确保施工过程中有足够的人力资源，并且能够满足不同工种和技能的要求。

组织机构建立：建立合理的组织机构，明确各个岗位的职责和权限，确保施工过程中的协调和顺畅运行。

人才培养和管理：培养和管理施工团队中的人才，提供必要的培训和技能提升机会，激发员工的工作积极性和创造力。

劳动组织改进：通过不断地改进和完善劳动组织方式，提高施工效率和质量，减少浪费和资源损失。

劳动者与劳动组织的关系协调：确保劳动者与劳动组织之间的关系协调一致，提供良好的工作环境和福利待遇，增强员工的归属感和工作满意度。

通过有效的劳动力管理，可以提高景观工程施工的效率和质量，实现资源的最大化利用，并为项目的成功完成提供保障。

在 A 小区的施工过程中，需要根据工程施工进展情况和需求的变化，随时进行人员结构和数量的调整，不断优化。当景观施工工地需要人员时，相关人员应立即进场；当出现过多人员时，多余人员应向其他工地转移，以确保每个岗位的人员都能够充分发挥作用，人力资源效力最大化。

劳动力计划详见表 0-1。

表 0-1　劳动力计划

序号	工种名称	数量/人	使用阶段
1	普通工	10	整个施工过程
2	自卸机驾驶员	4	场地整理
3	挖掘机驾驶员	2	地下、给排水、土方挖掘
4	推土机驾驶员	1	地下、道路、给排水
5	装载机驾驶员	1	土方挖掘
6	水工	2	整个施工过程
7	电工	2	整个施工过程
8	机修工	1	整个施工过程
9	起重机驾驶员	2	绿化
10	种植工	5	绿化种植
11	修剪工	1	绿化修剪

3. 安全、文明、环保施工管理措施

（1）安全管理

在工程施工过程中，应运用合理的管理手段和模式，以安全为中心，制定以保证安全生产为目的的安全生产体系。安全无小事，施工安全管理一定要规范化，执行有力，不能含糊。

（2）文明施工

应对工程文明施工进行严格管理，加强组织领导，具体管理措施如下。

① 施工过程中的垃圾由专人定期进行清扫整理，并把垃圾运至场外指定位置。

② 施工材料及周转材料严格按平面图分类堆放，并且堆放整齐、不超标，堆料场不作他用。

（3）环保管理

① 土方运输时，车辆不超载，运出前进行耙土，对车轮进行冲洗，防止运输途中土石等撒落在马路上。

② 施工中采用先进的机具设备，并采取有效措施控制现场的各种灰尘、废气、噪声、振动等对环境的污染和危害。

③ 合理安排施工时间，尽量减少夜间施工。如确需在夜间施工，应事先到环保部门办好相关手续，积极与环保部门配合，认真做好有关环保工作。

4. 质量管理

一切工程最终要靠质量说话。只有严格的质量管理才能把控好质量关。无论是初学者还是从业多年的人员，心中时时刻刻都不能降低对质量的要求。

① 必须按图样施工。因为经过会审的图样是施工的依据，从理论上讲，满足了图样的要求，也就满足了用户的要求，达到了用户的质量标准。

② 严格遵守景观工程施工工艺流程，进行技术交底，要求作业人员严格执行施工规范和操作规程，对每道工序按照规范化、标准化要求进行严格控制。在保证工序质量的

基础上，实现对分项工程、分部工程和单位工程的质量控制，进而实现对整个建设项目的质量控制。

③ 设置工序质量控制点。控制点是指为了保证工程质量而需要进行控制的重要工序。因为在施工过程中，每道工序对工程质量的影响程度是不同的，施工条件、内容、质量标准等也是不同的，所以，设置质量控制点可在一定时期内、一定条件下实行质量控制的强化管理，使工序质量处于良好的状态，从而使工程施工质量控制得到保证。

④ 及时进行质量检查。施工过程中，应及时地对每道工序进行质量检查，及时掌握质量动态，一旦发现质量问题，随即研究处理，使每道工序质量都满足规范和标准的要求。

步骤四：A小区施工前准备工作分析

1. 技术准备

业主根据施工进度在施工前召开图纸会审会议。施工单位要根据业主要求，领会设计师的设计意图，认真审核图纸并将汇总问题在图纸会审时提出，以使设计构想能够实现。图纸会审记录详见表0-2。

表0-2　图纸会审记录　　编号：

工程名称			日期	
地点			专业名称	
序号	图号	图纸问题	会审意见	
签字栏	建设单位	监理单位	设计单位	施工单位

注：1. 图纸会审记录由施工单位整理、汇总，建设单位、监理单位、施工单位各保存一份。
2. 图纸会审记录应根据专业（建筑小品、绿化种植、给排水、用电等）进行整理。
3. 设计单位应由专业设计负责人签字，其他相关单位应由项目技术负责人或相关专业负责人签字。

2. 施工条件准备

（1）劳动组织准备

任命有实际工作经验的专业人员为项目管理人员，配备有丰富景观绿化施工经验的专业技术人员，合理选择施工方式，避免窝工。

（2）材料准备

施工中需要的各种材料、构配件、施工机具等根据计划准备，做好验收和出入库记录；做好苗木供应计划；选定山石材料等。

（3）机械准备

组织施工机械进场、安装调试。正确选择和合理使用机械设备，做好机械设备的保养修理，提高机械的完好率、利用率和使用效率，从而加快施工进度，降低机械使用费。

3. 施工现场准备

首先需要进行地形勘察，了解施工现场的基本情况。原有的景观若具有利用价值，应充分加以利用，并在设计图纸中明确体现。如果现场缺乏可利用的景观，通常会采取重新建设的方式，但要尽量控制土方工程量，充分利用原有地形。这一点也应在设计图纸中明确表达。总体而言，施工应按照设计图纸的内容进行。若发现设计图纸与施工现场存在较大差异，应及时与设计方和甲方进行沟通。

在施工场地内，对于地面、地下或水下存在管线或埋设物的，应事先与有关部门协同查清，未查清前不可动工，以免发生危险或造成其他损失；对于现场地下水位较高或已经存在积水的，需要将水排出。场地积水不仅不便于施工，而且会影响工程质量。接下来，需要安排工人及相关机械进场，对施工场地进行初步的清理工作，并做好其他施工准备工作。

【知识链接】

一、建设工程招投标基础知识

1. 基本概念

招投标是市场经济中的一种竞争方式，通常适用于大宗交易。它的特点是由唯一的买主（或卖主）设定标的，招请若干个卖主（或买主）通过秘密报价进行竞争，从中选择优胜者与之达成交易协议，随后按协议实现标的。

建设项目招投标是国际上广泛采用的业主择优选择工程承包商的主要交易方式。招标的目的是为计划兴建的工程项目选择合适的承包商，将全部工程或其中某一部分工作委托承包商负责完成。承包商则通过投标竞争，决定自己的生产任务和销售对象，也就是使产品得到社会的承认，从而完成生产计划并实现盈利计划。为此承包商必须具备一定的条件，才有可能在投标竞争中获胜，被业主选中。这些条件主要是一定的技术、经济实力和管理经验，能够胜任承包的任务，并且效率高、价格合理、信誉良好。建设项目招投标制是在市场经济条件下产生的，因而必然受竞争机制、供求机制、价格机制的制约。招投标意在鼓励竞争，防止垄断。

2. 建设工程招投标条件

招标项目按照国家有关规定需要履行项目审批手续的，应当先履行审批手续，取得批准。招标人应当有进行招标项目的相应资金或资金来源，并已经落实，且应当在招标文件中如实载明。招标人有权自行选择招标代理机构，委托其办理招标事宜。任何单位和个人不得以任何方式为招标人指定招标代理机构。招标人具有编制招标文件和组织评标能力的，可以自行办理招标事宜。任何单位和个人不得强制其委托招标代理机构办理招标事宜。依法必须进行招标的项目，招标人自行办理招标事宜的，应当向有关行政监督部门备案。

3. 建设工程招标范围

《中华人民共和国招标投标法》规定，在中华人民共和国境内进行下列工程建设项目包括项目的勘察、设计、施工、监理以及与工程建设有关的重要设备、材料等的采购，必须进行招标：①大型基础设施、公用事业等关系社会公共利益、公众安全的项目；②全部或者部分使用国有资金投资或者国家融资的项目；③使用国际组织或者外国政府贷款、援助资金的项目。

任何单位和个人不得将依法必须进行招标的项目化整为零或者以其他任何方式规避招标。

具体招标范围的界定，按照各省（自治区、直辖市）有关部门的规定执行。

二、招标方式

1. 公开招标

公开招标，又称为无限竞争性招标，是一种招标方式，招标人通过招标公告的方式邀请不特定的法人或其他组织进行投标。在公开招标中，招标人按照法定程序，在国内外公开媒体上发布招标公告，包括报纸、广播、电视、网络等媒体。任何有兴趣并符合公告要求的承包商，无论地域、行业和数量的限制，都可以申请参与投标竞争。

在公开招标过程中，招标人会对投标人进行资格审查，以确保其符合相关要求和条件。合格的投标人将按规定的时间参与投标竞争，提交投标文件。

公开招标的优势在于它提供了公平、公正、公开的竞争环境，吸引了更多的潜在投标人参与竞争。这种竞争性招标方式有助于确保项目的质量和效益，同时也提供了更多选择和比较的机会，有利于招标人选择最合适的承包商。

总之，公开招标是一种广泛应用的招标方式，通过公开公告和无限竞争的方式，吸引了更多的投标人参与竞争，提高了项目的透明度和竞争性，为招标人选择最佳的承包商提供了机会。

2. 邀请招标

邀请招标也称为有限竞争性招标，是指招标人以投标邀请书的形式邀请特定的法人或者其他的组织投标。招标人向预先确定的若干家承包单位发出投标邀请函，就招标工程的内容、工作范围、实施条件等做出简要的说明，请他们来参加投标竞争。被邀请单位同意参加投标后，从招标人处获取招标文件，并在规定时间内投标报价。

邀请招标的邀请对象数量以5～10家为宜，但不应少于3家，否则就失去了竞争意义。与公开招标相比，其优点是不发招标公告，不进行资格预审，简化了投标程序，因此节约了招标费用，缩短了招标时间；其缺点是投标竞争的激烈程度较差，有可能提高中标的合同价，也有可能排除某些在技术上或报价上有竞争力的承包商参与投标。

三、招标程序

① 建设工程项目报建。各类房屋建设（包括新建、改建、扩建、翻建、大修等），土木工程（包括道路工程、桥梁工程、房屋基础工程），设备安装批准文件或年度投资计划下达后，按照《工程建设项目报建管理办法》规定具备条件的，须向建设行政主管部门报建备案。

② 提招标申请，自行招标或委托招标报主管部门备案。

③ 资格预审文件、招标文件备案。招标单位进行资格预审文件、招标文件的编制，报资格预审行政主管部门备案。

④ 刊登招标公告或发出投标邀请书。招标人采用公开招标方式的，应当发布招标公告。依法必须进行招标的项目招标公告，应当在国家指定的信息平台上发布。采用邀请招标方式的，招标人应当向3家以上具备承担招标项目能力、资信良好的特定法人或其

他组织发出投标邀请书。

⑤ 资格审查分资格预审和资格后审。资格预审，是指在投标前对潜在投标人进行的资格审查。资格后审，是指在投标后对投标人进行的资格审查。进行资格预审的一般不再进行资格后审，但招标文件另有规定的除外。

采取资格预审的，招标人可以发出资格预审公告。经预审合格后，招标人应当向资格审查合格的潜在投标人发出资格预审合格通知书，告知获取招标文件的时间、地点和方法，同时向资格预审不合格的潜在投标人告知预审结果。资格预审不合格的潜在投标人不得参加投标。

经资格后审不合格的投标人的投标应做废标处理。

⑥ 招标文件发放。招标文件发放给通过资格预审获得投标资格或被邀请的投标单位。投标单位收到招标文件、图纸和有关资料后，应认真核对。招标单位对招标文件所做的任何修改或补充，须在投标截止时间至少 15 日前，发给所有获得招标文件的投标单位，修改或补充内容作为招标文件的组成部分。投标单位收到招标文件后，若有疑问或不清的问题，应在收到招标文件后 7 日内以书面形式向招标单位提出，招标单位应以书面形式或投标预备会形式予以解答。

⑦ 勘查现场。为使投标单位获取关于施工现场的必要信息，在投标预备会的前 1～2 天，招标单位应组织投标单位进行现场勘查。投标单位在勘查现场时如有疑问，应在投标预备会前以书面形式向招标单位提出。

⑧ 投标答疑会。对于投标单位在领取招标文件、图纸和有关技术资料及勘查现场后提出的疑问，招标单位可通过投标答疑会的方式进行解答。并以会议纪要的形式送达所有获得招标文件的投标单位。

召开投标答疑会的目的在于澄清招标文件中的疑问，解答投标单位对招标文件和勘查现场中所提出的疑问及对图纸进行交底和解释。所有参加投标答疑会的投标单位都应签到登记，以证明出席投标答疑会。在开标之前，招标单位不得与任何投标单位的代表单独接触并个别解答任何问题。

⑨ 接受投标书。投标人应当在招标文件要求提交投标文件的截止时间前，将投标文件密封送达投标地点。招标人收到投标文件后，应当签收保存，在开标前任何单位和个人不得开启投标文件。投标人少于 3 个的，招标人应当依法重新招标。在招标文件要求提交投标文件的截止时间后送达的投标文件，招标人应当拒收。投标人在招标文件要求提交投标文件的截止时间前，可以补充、修改或者撤回已提交的投标文件，并书面通知招标人。补充、修改的内容为投标文件的组成部分。

⑩ 开标、评标、定标。

⑪ 宣布中标单位。

⑫ 签订合同。

四、工程施工管理的主要内容

1. 建立施工项目管理组织

① 由企业采用适当的方式选聘称职的施工项目经理。

② 根据施工组织原则组建施工项目管理机构，明确责任、权限和义务。

2. 制订施工管理计划

针对施工项目管理目标、组织、内容、方法、步骤，重点进行预测和决策，形成具体安排的纲领性文件。施工管理计划的内容主要有：

① 进行工程项目分解，形成施工对象分解体系，以便确定阶段控制目标，从局部到整体地进行施工活动和施工项目管理；

② 建立施工项目管理工作体系，绘制施工项目管理工作体系图和施工项目管理工作信息流程图；

③ 编制施工管理计划，确定管理点，形成文件，以利执行，现阶段这个文件便是施工组织设计。

3. 进行施工管理的目标控制

施工管理的目标分为阶段性目标和最终目标。实现各项目标是施工管理的目的所在。因此应当以控制论原理为指导，进行全过程的科学控制。工程施工管理的控制目标分为：①进度控制目标；②质量控制目标；③成本控制目标；④安全管理目标；⑤施工现场管理目标。

由于在工程施工管理目标的控制过程中，会不断受到各种客观因素的干扰，各种风险因素有随时发生的可能性，因此应通过组织协调和风险管理，对施工管理目标进行动态控制。

4. 对工程的生产要素进行优化配置和动态管理

工程的生产要素是景观施工管理目标得以实现的保证，主要包括劳动力、材料、设备、资金和技术。生产要素管理的三项内容包括：

① 分析各项生产要素的特点；

② 按照一定原则、方法对施工项目生产要素进行优化配置，并对配置状况进行评价；

③ 对施工项目的各项生产要素进行动态管理。

5. 工程施工的合同管理

由于工程管理是在市场条件下进行的特殊交易活动的管理，这种交易活动从投标开始，持续于工程管理的全过程，因此必须依法签订合同，进行履约经营。合同管理的好坏直接影响工程管理及工程施工的技术经济效果和目标实现，因此要从招投标开始，加强工程承包合同的签订并履行管理。合同管理是一项执法、守法活动，市场有国内市场和国际市场，因此合同管理势必涉及国内与国际上有关法规与合同文本、合同条件。对于这些，在合同管理中应予以高度重视。为了取得良好的经济效益，还必须注意在处理索赔事项时，要讲究方法和技巧，提供充分的证据。

6. 景观工程施工的信息管理

现代化管理要依靠信息管理。A 小区施工管理是一项复杂的现代化管理活动，因此更要依靠大量信息及对大量信息的管理，而信息管理又要依靠计算机进行辅助。所以，进行工程施工管理和工程施工管理目标控制、动态管理，必须依靠信息管理，并应用计算机进行辅助。在管理工作中需要特别注意信息的收集与储存，使本项目的经验和教训得到记录及保留，为以后的工程管理服务，因此须认真记录总结，建立档案及保管制度。

五、横道图编制

横道图是一种工期计划表示方法，它通过横向线条和时间坐标来展示各项工作施工的起始点和先后顺序。横道图由一系列的横道组成，每个横道代表一个工作任务或活动。

横道图在国外被称为甘特图，是一种直观的表示方法，在工程领域广泛使用并备受欢迎。

在横道图中，每个工作任务或活动都用横向线条表示，线条的长度表示该任务的持续时间。起始点表示任务的开始时间，结束点表示任务的完成时间。通过线条的相对位置和长度，可以清晰地了解各项工作任务之间的先后关系和时间安排。

横道图的优势在于它直观、易于理解，可以帮助项目团队和相关人员快速了解工期计划和工作安排。它可以帮助项目管理者有效地安排资源、控制进度，并进行项目进展的监控和沟通。

常见的横道图有作业顺序表和详细进度表两种。编制横道图进度计划，要确定工程量、施工顺序、最佳工期以及工序或工作的时间（天）、衔接关系等。

详细进度计划的编制方法如下。

① 确定工序（或工程项目、工种）。一般要按施工顺序、作业衔接客观次序排列，可组织平行作业，但最好不安排交叉作业，项目不得疏漏也不得重复。

② 对工程量和相关定额及必需的劳动力加以综合分析，制定各工序（或工种、项目）的工期。确定工期时可视实际情况增加机动时间，但要满足工程总工期要求。

③ 用线框在相应栏目内按时间起止期限绘成图表，需要清晰准确。

④ 清绘完毕后，要认真检查，看是否满足总工期需要，具体见表 0-3。

表 0-3　A 小区景观工程施工进度计划横道图

序号	项目名称	施工时间/天						
		10	20	30	40	50	60	70
1	施工准备							
2	土方工程							
3	水电安装							
4	硬质景观							
5	植物种植							
6	施工放样							
7	收尾工程							

【拓展训练】

以下是×××招标公告中关于技术标的的主要内容，试分析投标时应重点注意的问题。

招标公告

根据本公司建设工程的需要，现就×××小区景观绿化工程进行邀请招标。具体招标内容如下。

一、招标范围：×××小区景观绿化工程，具体以×××设计工程有限公司出具的景观绿化工程施工图为准。

二、招标方式：邀请招标（至少三家）。

三、招标文件及图纸发放时间：××××年××月××日上午。

四、领取招标文件及图纸时必须提供营业执照副本复印件（加盖公章），并交纳投标保证金贰万元整（×××银行×××分行××××××××××××××××××）。

五、领取招标文件地点：×××市×××路×××大厦。

六、投标截止时间：××××年××月××日 9：00。

七、工期：70 天。

八、投标人注意事项。

(1) 投标人应充分了解本工程施工图纸、施工范围及工程量清单等全部情况，并在招标答疑时提出存在的问题。

(2) 投标人必须承诺施工期间做好与其他室外管线施工单位的交叉配合工作，确保整个工程一次性验收合格。

九、技术标要求。

(1) 技术标封面。

(2) 施工组织设计或施工方案（包括工程进度、质量、安全及文明施工等方面的控制措施，方案要求简明扼要）。

(3) 辅助资料表。

① 项目经理简历表（须附资格、职称证书复印件）。

② 项目技术负责人简历表（须附职称证书复印件）。

③ 主要施工管理人员表。

④ 计划开工、竣工日期和施工进度表。

(4) 投标人营业执照、资质证书等复印件。

(5) 投标人已完成的工程业绩。

(6) 投标人认为有必要的其他内容。

项目一

土方工程施工

知识要求

① 掌握施工放样常见的方法。
② 掌握土方平衡与调配的方法。
③ 熟悉土方工程施工的流程和技术。
④ 了解土方施工中的常见机具。

技能要求

① 能运用合理的放样施工技术初步放出地形轮廓。
② 掌握土方调配的方法。
③ 能通过地形营造技术对场地进行改造和施工。
④ 能现场指挥技术工人用机具进行土方填挖。

素质要求

① 具备土方计算过程中认真、仔细、负责、耐心的素质。
② 具备对不同土方调配的计算公式进行灵活选择的思维素质。
③ 服从项目经理指挥，具备现场优化土方调配方案的团队协调能力。
④ 具备现场调整施工方案的协调能力。

【项目学习引言】

施工，即工程按计划进行建造。语出宋代朱熹所著的《西原崔嘉彦书》：“向说栽竹木处，恐亦可便令施工也。”一个项目设计意图的实现离不开高质量的施工。在施工中应遵循“先整体再局部，先控制后单项”的原则。在景观与绿化工程施工中所涉及的一项工程就是土方工程。它是指在原有地形的基础上，综合景观的实用和观赏功能，对地形、建筑、绿地、道路、广场、管线等进行统筹安排。在施工中，地形的营造形成了整体格局的骨架，因此，在土方施工中，要根据地形合理进行放样。通过利用和改造，处理好自然地形和景观中各个单项工程的关系，充分体现出总体规划的意图。

本项目通过A小区景观工程案例，重点介绍了施工中的土方工程。土方工程分为土方放样和土方施工两方面。其中，土方放样是将图纸上的整体轮廓在实地中实现；土方施工是指综合考虑地形中的各个实体和水电等市政工程，为实现设计图纸中的地貌而进行的施工技术。因此，土方工程的好坏直接决定了施工质量的好坏，并影响到景观质量和以后的日常维护。土方施工前应充分了解设计师的意图和现场条件，制定出合理的施工方案，并在施工中不断通过现场调整以营造出最佳的景观效果。

土方放样

土方放样是指根据施工图的内容，在现场通过分析高低点、高差值、坡度等来确定地形，以便进行进一步的施工。土方放样包括平整场地的放线和自然地形的放线。

平整场地的放线是为了确定施工范围。它是在场地上进行的，通过测量和标记来确定建筑物、道路或其他设施的位置和尺寸。这对于确保施工的准确性和一致性非常重要。

自然地形的放线是在室外环境中进行的，它是整个景观环境的骨架。自然地形的放线直接影响着外部场地的空间感、艺术性和小气候等因素。通过地形的变化起伏，结合植物景观的变化，能够增加景观的层次感和视觉吸引力。

总之，土方放样的核心是通过工程手段将施工图的数据指标准确地落实到施工场地的地面。

【工作流程】

施工网格定位图分析→施工竖向设计及现场分析→施工土方放样→施工放样复核。

【操作步骤】

步骤一：施工网格定位图分析

施工网格定位图是施工图的重要组成部分。它主要通过垂直线和平行线组成的十字网格来确定平面图形的方位，尤其适用于景观中的曲线等不规则部分。网格的大小主要根据地形的复杂程度和施工方法而定，地形起伏较大时宜用小方格；对于较大场地，进行机械施工时可以用大一些的方格。

A小区设计施工的场地面积较大，所以网格大小以2m×2m为宜，以便放样精确，如图1-1所示。根据施工网格定位图，将场地中建筑物墙体东南角交叉点作为定位基准点（0，0），向左是－1m，向右是＋1m，每条网格线之间的间距为固定值，以此作为现场施工放线的依据。

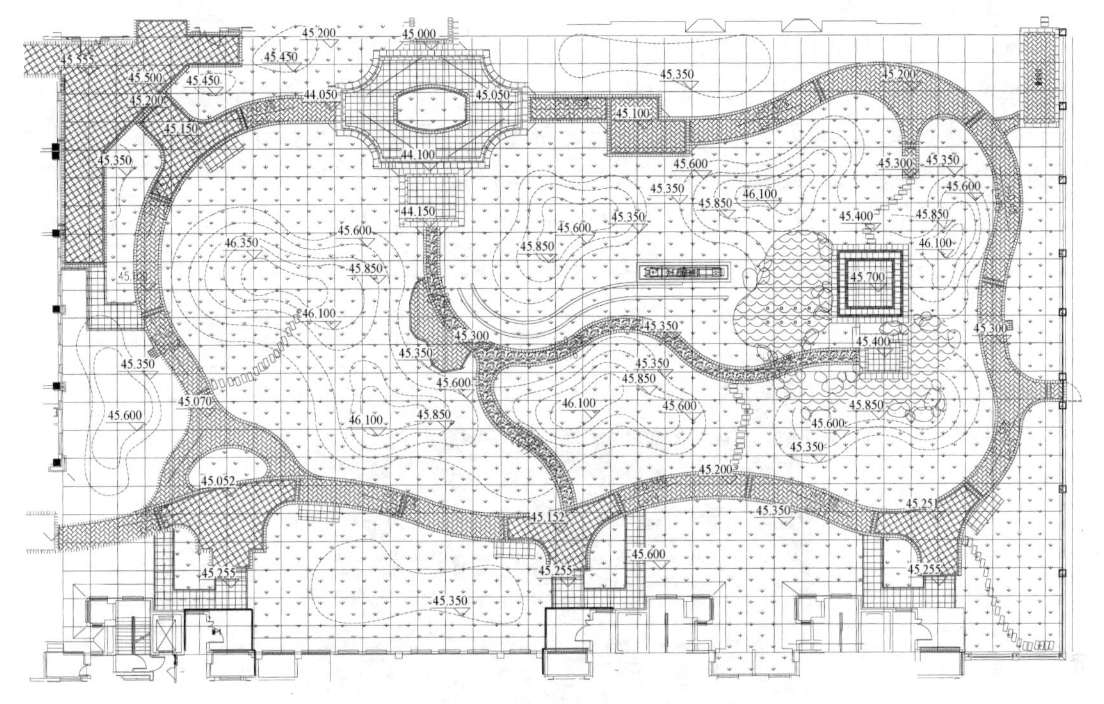

图 1-1　施工网格定位图

需要注意的是，利用施工网格定位图进行放样（网格法）并非唯一的放样方法，随着技术的进步，出现了越来越多、越来越精确的放样方法。由于传统的景观工程施工对精度要求并不是很高，一般情况下网格法可以满足施工要求，加之此法操作简便，技术门槛相对不高，因此直至今日仍然被广泛使用。

步骤二：施工竖向设计及现场分析

设计湖池的最高水位、常水位、最低水位（枯水位）及水底的标高，反映出驳岸和池底高程变化。图纸中需要标明主要景点的控制标高。A 小区中的水系还兼有辅助上游河水泄洪的作用，因此在施工中需要强调，除了拦水坝以外，还需要考虑水流量较大季节的排水功能。

步骤三：施工土方放样

1. 平整场地的放线

在清场之后，为了确定施工范围及挖土或填土的标高，应按设计图的要求，用测量仪器在施工现场进行定点放线工作。为使施工充分表达设计意图，测设时应尽量精确。

用经纬仪将图纸上的方格测设到地面上。定位时可以在建筑物的墙体交叉点延长线（如 1m）上安置经纬仪，以测设出 90°角方向，在其方向上丈量出主要景观建筑及小品的坐标。应在每个交点处立桩木，边界上的桩木依图纸要求设置。桩木侧面须平滑，下端削尖，以便打入土中，桩上应标明桩号（施工图上网格的编号）和施工标高（挖土用“＋”号，填土用“－”号）。网格用撒石灰粉的方式进行标记，如遇雨天冲刷，则需要根据桩木重新标记。

2. 自然地形的放线

施工时，可以通过分析施工网格定位图的方法进行土方放样。首先，将网格按比例放到地面上，确保其与实际地面的比例一致。然后，将设计地形的等高线与网格的交点一一标记到地面上，并进行桩木的设置。在桩木上，需要标明桩号和施工标高。由于土层不断升高，桩木可能会被土埋没，因此桩的长度应大于每层填土的高度。如果土山的高度不超过 5m，则可以使用长竹竿作为标高桩。在桩上标明将每层的标高，并可以使用不同颜色的标志来区分不同层次，以便于识别（图 1-2）。

图 1-2　放线现场

这样做的目的是确保土方工程的准确性和施工的一致性。通过将网格和设计地形的等高线结合起来，可以在实际施工中准确地确定土方的位置和高度，以便按照设计要求堆筑地形。

挖湖工程的放线工作和堆地形的放线工作基本相同。通常情况下，由于水体挖深较一致，而且池底常年隐没在水下，因此挖湖工程的放线可以粗放些，但水体底部应尽可能整平，不留土墩。

岸线和岸坡的定点放线应该准确，为了精确施工，可以用边坡样板来控制边坡坡度。由设计图可知，湖池边缘的石矶驳岸主要采用了卵石、块石等，需根据网格打桩精确定位驳岸线的平面位置，并用石灰粉进行初步轮廓的放样。施工中，为防止各个桩点被破坏，可将土台留出，等湖池开挖接近完成时再将土台挖掉。

在湖池边缘开挖沟槽时，若采用打桩放线的方法，在施工中桩木容易被移动甚至被破坏，从而影响校核工作，所以应使用龙门板。宜每隔 30～100m 设龙门板一块，具体间距视沟渠纵坡变化情况而定。板上应标明沟渠中心线的位置以及沟上口和沟底的宽度等。板上还要设坡度板，用坡度板来控制沟渠纵坡。根据设计高程和测设标高，可计算出挖土深度以及地形堆筑高度。施工中应定期用水准仪或全站仪对土方标高进行复测，直至施工到设计高程。

注意事项：

① 需要全面了解设计图中的竖向设计图和网格定位图，发现与现场矛盾的地方需及

时与设计师进行沟通并调整；

② 测量时需要仔细调节仪器，避免产生较大放样误差，给后期施工带来麻烦；

③ 若现场放样被施工破坏，测量员应及时定位修复。

步骤四：施工放样复核

放样完毕后测量资料必须换手复核，各测量资料须经主测人员签认后方可交付施工，未经复核和签字不全的资料不能作为测量成果使用。对于使用的桩位、水准点，必须按测量规范要求进行换手复测，防止出现测量事故。

测量部门的测量记录必须采用标准格式的记录本及表格，见表1-1。测量资料的原始记录和内业资料应保证齐全、真实、规范。

表1-1 施工放样复核记录

复核日期　　年　　月　　日

<table>
<tr><td>工程名称</td><td></td><td colspan="2">分部（分项）工程名称</td><td colspan="2"></td></tr>
<tr><td>施工单位名称</td><td></td><td colspan="2">工程部位</td><td colspan="2"></td></tr>
<tr><td>质量标准与偏差限度</td><td colspan="5"></td></tr>
<tr><td>放样记录</td><td colspan="5"></td></tr>
<tr><td rowspan="6">示意图</td><td rowspan="6"></td><td rowspan="10">施工部门自检结果</td><td>桩号</td><td>偏南/mm</td><td>偏东/mm</td></tr>
<tr><td>1</td><td>0</td><td>0</td></tr>
<tr><td>2</td><td>0</td><td>0</td></tr>
<tr><td>3</td><td>0</td><td>0</td></tr>
<tr><td>4</td><td>0</td><td>0</td></tr>
<tr><td>5</td><td>0</td><td>0</td></tr>
<tr><td rowspan="4">复核记录</td><td rowspan="4">经复核，偏差见右栏，差值均在规定范围内，桩位符合设计图要求</td><td></td><td></td><td></td></tr>
<tr><td></td><td></td><td></td></tr>
<tr><td></td><td></td><td></td></tr>
<tr><td></td><td></td><td></td></tr>
</table>

施工员：　　　　专业测量员：　　　　监理：

【知识链接】

一、地形营造的原则

地形可分为陆地及水体两部分。地形处理得好坏直接影响景观空间的美学特征和人们的空间感受，影响景观的布局方式、景观效果、排水设施等要素。因此，景观地形的处理也必须遵循一定的原则。

1. 地形外观轮廓要主次分明

在地形的营造过程中，地形之间交接的复杂区域，如坡顶、坡地边缘和水陆交接的岸边等地方，往往是景观营造的重点区域。在这些区域，轮廓控制成为确保地形与周围环境相协调的关键要素之一。

轮廓控制是指在地形设计和施工过程中，通过精确的规划和操作，使得地形的边界线条与周围环境的特征相融合，形成和谐的过渡。这包括控制坡顶的形状和高度，使其与周围的地形平稳过渡；控制坡地边缘的曲线和坡度，使其与周围的地形和植被相衔接；控制水陆交接的岸边，使其与水体和陆地之间形成自然的过渡。通过精确的轮廓控制，可以实现地形与周围环境的和谐统一，增强景观的美感和视觉效果，这对于营造一个具有良好空间感和视觉吸引力的景观环境非常重要。因此，在地形的营造过程中，特别需要重视对于重点区域的轮廓控制，以确保地形与周围环境的协调一致。

2. 以小见大，适当造景

地形在高度、大小、比例、尺度、外观、形态等方面的变化可形成丰富的地表特征：在较大的场景中需要用宽阔的绿地、大型草坪或疏林草地来展现其宏伟壮观的特点；在较小的区域内，可以在水平和垂直两个空间中通过适当的地形处理，创造更多的层次，打破空间单一的感觉。

3. 注意视点的变化

在有地形起伏的环境中，人的观景角度会有较大的变化。视点的控制应从多方位和多角度加以考虑，即分析每一处地形由远趋近的途径特点时，不仅要考虑水平距离的运动，还应考虑视点垂直高度的变换，这样才能处理好不同位置的建筑、景观小品、植被、水面等景物与地形之间相互重叠所形成的景观层次。

4. 与其他景观要素相辅相成

要提高地形的景观效果，单纯的地形设计往往是不够的，还要结合其他景观节点来增强地形的特点，即与水、植物、构筑物等要素相结合进行地形造景，这也有益于整体景观形象的提升。地形与植物的结合设计，如乔木、灌木和地被植物的合理搭配，会修正、调整和强化地形在视觉上的景观形象。水景的应用十分常见，且往往离不开地形的烘托。地形为创造具有吸引力的水景提供很好的基础，如瀑布、跌水、溪流和水幕等特色水景。

二、地形放样前应收集的相关资料

根据地形特点和建园要求，综合考虑园中景物的安排，在地形处理前应收集如下资料。

1. 基地地形及周边社会环境资料

基地地形图是最基本的地形资料，在此基础上结合实地调查可进一步掌握现有地形的起伏与分布、整个基地的坡级分布和地形的自然排水类型。一般由甲方提供 1∶500 的地形图，如无地形图，则需要在现场调查了解的基础上分析设计施工图。

基地范围及环境因素对地形工程影响比较大的是交通和用地、环境发展规划等。因此应弄清楚原地形与四周环境之间的相互关系，为地形改造做好准备。

2. 水文、地质、气象资料

水文资料主要包括：现有水面的位置、范围、平均水深；常水位、最低水位和最高水位、洪涝水面的范围和水位；现有水面与基地外水系的关系，如流向与落差，各种水工设施的使用情况；地表径流的位置、方向、强度等。地质资料主要包括：土壤的类型、结构；土壤的 pH 值、有机物的含量；土壤的含水量、透水性；土壤的受侵蚀状况。气象资料主要包括：日照中的全阴区、半阴区、半阳区、全日照区，以及气候带类型和小气候的影响。

3. 原有建筑物、道路及植物种植资料

充分尊重原有地形，其中需要保护的原建筑物、道路、广场及植被必须予以充分利用和改造。对于原有地形中不利于视觉质量的建筑物和构筑物，应尽量采用艺术化处理或遮掩的方式来体现原有景观。对现状植被的种类、数量、分布和可利用程度都要进行充分调查，使之通过地形营造达到一定的景观效果。

4. 管线资料

管线分为地上和地下两部分，包括电线、电缆线、通信线、给水管、排水管、煤气管等。

有些管线是供园内所用的，有些则是过境的，因此，要区别园中这些管线的种类，了解它们的位置、走向、长度，每种管线的管径和埋深以及一些技术参数。绿化植物与管线的最小间距见表 1-2。

表 1-2　绿化植物与管线的最小间距

管线名称	最小间距/m	
	乔木（至中心）	灌木（至中心）
给水管、闸井	1.5	不限
污水管、雨水管、探井	1.0	不限
煤气管	1.5	1.5
电力电缆、电信电缆、电线管道	1.5	1.0
热力管（沟）	1.5	1.5
地上杆柱（中心）	2.0	不限
消火栓	2.0	1.2

三、全站仪在景观施工精确放线中的应用

1. 全站仪简介

全站仪是全站型电子速测仪的简称，又称为“电子全站仪”，由电子经纬仪、光电测距仪和电子记录器组成，是可实现自动测角、自动测距、自动计算和自动记录的一种多功能、高效率的地面测量仪器。全站仪已经成为工程测量中的常用设备。全站仪及配套组件如图 1-3 所示。

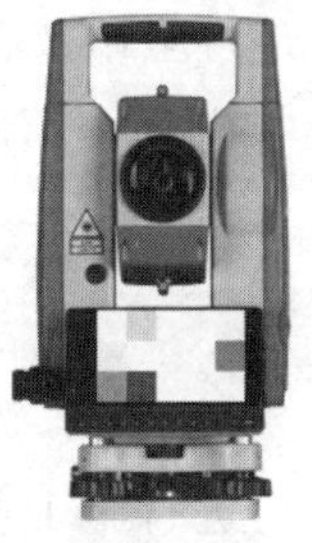
(a) 全站仪

(b) 棱镜

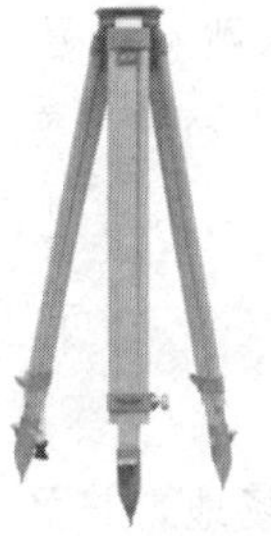
(c) 脚架

图 1-3　全站仪及配套组件

2. 全站仪的优势

① 数据处理的快速与准确性。全站仪自身带有数据处理系统，可以快速而准确地对空间数据进行处理，计算出放样点的方位角与该点到测站点的距离。可以在AutoCAD中方便地查出O、A、B、C等各点的X、Y坐标，同时可以查出相应点的设计高程（Z坐标），只要把这些数据传输到全站仪中，全站仪便能快速而准确地计算出OA、OB、OC等的距离及相应的A、B、C等点的方位角。由于测距和测角的精度很高，所以完全可以做到精确定点放线。

② 定方位角的快捷性。全站仪能根据输入点的坐标值计算出放样点的方位角，并能显示目前镜头方向与计算方位角的差值。将差值调为0，即定好要放样点的方向，然后进行测距定位。

③ 测距的自动性与快速性。将棱镜对准全站仪的镜头，全站仪便可快速读出实测的距离，同时与其自动计算出的理论上的数据进行比较，并在屏幕上显示出两者的差值，从而可以判断棱镜应向哪个方向再移动多少。当显示的距离差值为0时，棱镜所在的位置即为要放样点的实际位置。

④ 定完一个点后，可按“下一个”键调出下一个要放样的点，重复②～③步骤，便可依次放出其他各点。

⑤ 由于全站仪体积小、重量轻、灵活方便，较少受到地形限制，且不易受外界因素的影响，因此只要合理保护全站仪，即使在复杂的自然条件下也可以照常工作。

⑥ 由于所有的计算都是由全站仪自动完成的，所以放线过程中不会受到使用者个人的主观影响。

3. 全站仪在景观施工放线中应用实例

×××施工放线工作的任务是把设计图标注的重要点位放样到现实场地中。本项目采用全站仪进行施工放线。

在运用全站仪进行放线前，需要做一些必要的准备工作。首先是要掌握每一个标注的重要节点的X、Y、Z值，然后找到现有地物在图纸上对应点的坐标值，再编号，最终将这些数据通过格式转换工具转换成全站仪能识别的格式，将这些数据输入全站仪中。

下一步即可以进行现场放线。架设仪器前，准备好大量的木桩作为标记物，根据图上编号及同一标注的重要点对木桩进行编号。完成后，在工作区域中找到图上标明的实际地物点，一个作为站点，另一个作为后视点。在站点上安放全站仪，调平仪器，调出相应的放样程序，输入站点点号，再输入后视点点号。将全站仪目镜对准后视点，点选“OK”，再调用“放样”程序，然后依次调用各点号，按前面介绍的②～④的方法分别定出各个点位，用相应点的木桩进行标记。

【拓展训练】

① 选取空旷训练场地，将如图1-4所示的内容分组进行施工放样，小组之间复核并检查放样质量，将结果填入表1-1中。

如图 1-4 所示为某园区平面图，要点提示如下。

a. 使用全站仪、经纬仪和皮尺对地形中的铺装进行正确定位，并要求误差不得大于 50mm。

b. 自行绘制方格网，在图中地形与网格交叉处立桩并标出标高。

c. 为创造优美舒适的景观绿化空间，设计中应科学合理地构建地形，避免出现台阶式、坟堆式地形。

d. 大多数道路为曲线，路面上的等高线也为曲线而不是直线和折线。曲线等高线应按实际营造。

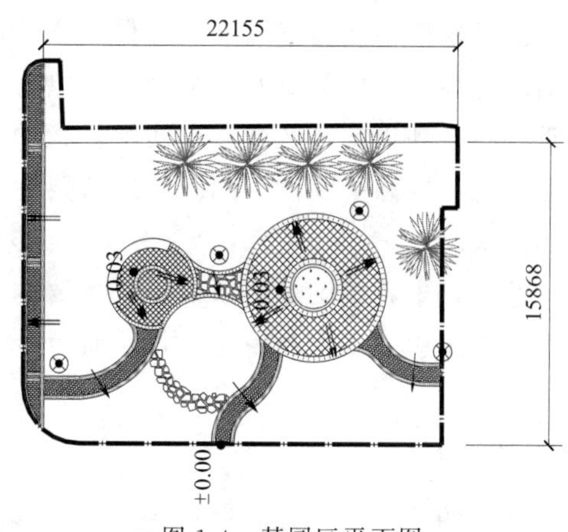

图 1-4　某园区平面图

② 根据教师提供的地形图，利用橡皮泥、聚苯乙烯板、吹塑纸、大头针、颜料、毛笔及绘图纸笔或沙盘等工具进行地形模型的制作。

扩展阅读

中国古代建筑工程施工放样源流

中国古代建筑工程的主持者都非常重视实地调查研究，通常综合采用绘制图样和制作模型的方法。汉代之后，制定“建筑设计图样”和“说明文件”已经是大型建筑计划所不可缺少的事情了。到了公元 10 世纪中期，建筑制图已经达到了非常成熟的地步。

另外，从周代的“冬官”开始，两三千年来，中国一直都设有专门的建筑部门和官员负责建筑的设计、施工以及建筑材料的调配等工作。正是这些官方机构的工作使得劳动力和材料生产运输的组织效率处在一个很高的水平上，中国古典建筑的“标准化”和“模数化”才得以实施和推广。

任务二　土方施工

土方放样完成后，接下来需要进行土方施工。土方施工主要包括挖土工程施工和回填工程施工。土方施工的质量将直接影响整个工程项目的可持续性和生命力。特别是在种植区域，土方施工的质量将直接影响植物的生长和排水等因素。挖土工程施工是指根据土方放样的要求，使用适当的工具和机械设备进行土壤的挖掘和清理。在挖土过程中，需要注意挖土的深度和坡度，确保土方的准确性和稳定性。此外，还需要注意挖土过程中的安全性，采取必要的安全措施，以防止事故发生。回填工程施工是指将挖掘出的土壤重新填充到指定的区域。在回填过程中，需要注意土壤的均匀分布和紧实度，以确保土方的稳定性和坚固性。同时，还需要注意回填土壤的质量和排水性能，以满足种植区域的需求。

总之，土方施工是一项艰巨而重要的工作。通过合理的挖土和回填工程施工，可以确保土方工程的质量和稳定性，从而为整个工程项目的成功打下坚实的基础。

【工作流程】

土方的开挖→土方的运输→土方的填筑→土方的压实。

【操作步骤】

根据土方放样的范围对 A 小区进行土方工程的施工，分为挖、运、填、压四部分。对于土方工程，可采用人力施工，也可采用机械化或半机械化施工，需要根据场地条件、工程量和当地施工条件决定。在规模较大、土方较集中的工程中，采用机械化施工较经济；但对工程量不大的项目、施工点较分散的工程或受场地限制不便采用机械施工的地段，应该用人力施工或半机械化施工。

步骤一：土方的开挖

1. 操作流程

准备工作→确定开挖、推土顺序和边坡→分段分层开挖、推土→修边清理。

2. 施工土方开挖前的准备工作

（1）主要机具

① 主要大型机械：挖掘机、推土机、装载机、自卸汽车、翻斗车等。

② 一般工具：铁锹、手推车、平碾、蛙式打夯机、钢尺等。

（2）作业条件

① A 小区土方开挖及平整前，将施工区域内的地下、地上障碍物、杂物清除和处理完毕。其中原有挡土墙基本不影响新的驳岸施工，因此土方开挖时给予保留。

② 施工机械进入现场所经过的道路和卸车设施等应事先经过检查，必要时做好加固或加宽等准备工作。

③ 根据挖方、堆方工程量和场地大小，选用 1～6t 级的小型挖掘装载机施工，以发挥施工机械的最高效能。

④ 对于需要保留的树木应做防护，如用草绳包扎、设置护栏等。

⑤ 场地的定位控制线桩、标准水平桩及灰线尺寸，必须经过检验，合格后才能作为施工控制的基准点。

⑥ 施工区域运行路线的布置，主要根据作业区域工程量的大小、机械性能、运距和地形起伏等情况来确定。

⑦ 由于原有河道需要改造，因此要协调好相关部门对部分河道进行局部围堰。

3. 土方开挖的要点

土方开挖采用以机械开挖为主、人工配合修整边坡基底为辅的办法。

① 开挖之前需要测量员根据图纸要求测量放样。以所撒的石灰白线作为标记，在放样范围内进行开挖作业。

② 由于空间有限，应严格按照施工顺序的要求有序进行。场地开挖时先两边后中间，池底开挖时先中间后两边，以便尽早为施工提供工作面。

③ 当挖掘机一次不能挖到底处时，采取先挖走表面一层，降低机位后再继续向下开挖的办法。如果挖完一层后土层太软，无法承受机械重量，则回填部分表层硬土再让机械就位。挖土应自上而下水平分段分层进行，每层 0.3m 左右。

④ 开挖过程中，严禁挖斗碰撞搅拌桩和土钉头，严禁超挖；并应注意对原有挡土墙基础进行保护，避免碰撞导致其损坏或偏位。

⑤ 池塘土方开挖时，应及时抽排地表水，防止基坑内积水；应边挖边检查坑底宽度及坡度，不够时及时修整；应每 3m 左右修一次坡，至设计标高后，再统一进行一次修坡清底，检查坑底宽和标高。

⑥ 在挖土机工作范围内不许进行其他作业。挖土应由上而下，逐层进行，严禁先挖坡脚或逆坡挖土。

4. 开挖土方应注意的问题

① 推土前应识图或了解施工对象的情况，在动工之前应向推土机驾驶员介绍施工地段的地形情况及设计地形的特点，最好结合模型或图纸进行，使之一目了然。

② 施工前还要了解实地定点放线情况，如桩位、施工标高等。这样施工时各机械操作人员能得心应手，更好地按照设计意图去塑造地形。

③ 桩点和施工放线要明显。推土机施工活动范围较大，施工地面高低不平，加上进车或退车时驾驶员视线存在某些死角，所以桩木和施工放线很容易受到破坏。施工期间，应做明显标记并加以保护。

④ 开挖时测量人员应到现场，随时随地用测量仪器检查桩点和放线情况，把握全局，以保证开挖的准确性。

步骤二：土方的运输

在池塘基坑的施工中，通常会保留原有的溪流场地特征，因此开挖工程量相对较小。对于较窄的基坑，可以采用抓铲立于一侧抓土装载的方式；而对于较宽的基坑，则可以采用在两侧或四侧抓土装载的方式。在进行抓铲作业时，抓铲应与池塘基坑边保持一定距离，以确保安全和稳定。挖出的土方可以直接装载到自卸汽车上运走（图 1-5），或者堆放在基坑旁边，也可以使用推土机将土方推到较远的地方堆放。

需要注意的是，在挖掘淤泥时，抓斗容易被淤泥吸住，因此需要避免用力过猛，以防止翻车事故的发生。在抓铲施工过程中，通常需要给抓铲加配重，以增加其稳定性并提高挖掘效果。

总之，在池塘基坑的施工中，采用抓铲装载的方式可以有效进行土方的处理和运输。合理的施工方法和安全措施能够确保施工的顺利进行，并保持场地的特征和稳定性。

在小区内部，通常采用人工运土，而在小区外部，则使用机械或半机械化运土。良

图 1-5　土方装载

好的运输路线组织和准确的卸土地点是关键。施工人员应提供指导，避免混乱和浪费。使用外来土时，需要专人指挥车辆，确保准确卸土，避免不必要的小规模搬运。

步骤三：土方的填筑

填土必须符合工程的质量要求。根据填土的用途和要求，选择土壤质量：绿化地段的土壤应满足植物生长的要求，建筑用地的土壤则以地基的稳定为原则。使用外来土垫地堆山时，需要进行土质检测，并确保合格。劣质土壤和受污染的土壤不得应用于园内，以免对植物生长和人体健康造成影响。

1. 操作流程

基底地坪的清整→检验土质→分层铺土→修整验收。

2. 填土时应注意的问题

① 填土前，应将基土上的洞穴或基底表面上的树根、垃圾等杂物处理完毕，清除干净。

② 检验土质。检验回填土料的种类、粒径，有无杂物，是否符合规定，以及土料的含水量是否在控制范围内。如含水量偏高，可采用翻松、晾晒或均匀掺入干土等措施；如遇回填土的含水量偏低，可采用预先洒水润湿等措施。

③ 填方全部完成后，表面应进行拉线找平。凡超过标准高程的地方，应及时依线铲平；凡低于标准高程的地方，应补土夯实。

④ 回填土下沉问题。虚铺土超过规定厚度，或夯实不够遍数甚至漏夯，基底有机物或树根、落土等杂物清理不彻底，都会造成回填土下沉。为避免这类现象发生，应在施工中认真执行规范的有关规定，并要严格检查，发现问题及时纠正。

⑤ 回填土夯压不密实问题。如回填土过干，夯压时不易密实，应在夯压时对干土进行适当洒水加以润湿。如回填土太湿，同样容易夯压不密实，进而出现“橡皮土”现象，这时应将“橡皮土”挖出，重新换好土夯实处理。

⑥ 当工程土方复杂且对填方密实度要求较高时，应采取措施（如排水暗沟、护坡桩等），以防填方土粒流失而造成不均匀下沉和坍塌等事故。当填方基土为渣土时，应按设

计要求加固地基，并要妥善处理基底下的软硬点、空洞、旧基以及暗塘等。

⑦ 回填管沟时，为防止管道中心位移或损坏管道，应先在管道周围填土夯实，并从管道两边同时进行，直至管顶 0.5m 以上；之后在不损坏管道的情况下，方可采用机械回填和夯实。在抹带接口处、防腐绝缘层或电缆周围，应使用细粒土料回填。

3. 填土方法

(1) 人工填土方法

① 用手推车送土，以人工用铁锹、耙、锄等工具进行回填。

② 从场地最低处开始，由一端向另一端自下而上分层铺填。每层铺填厚度，用人工木夯夯实时，砂质土不大于 30cm，黏性土为 20cm；砂质土或黏性土用打夯机械夯实时，不大于 30cm。

③ 深浅坑相连时，应先填深坑，与浅坑相平后全面分层填夯。如采取分段填筑，交接处应填成阶梯形。对于墙基及管道，应在两侧用细土同时均匀回填、夯实，以防止墙基及管道中心线移位。

④ 人工夯填土：用 60～80kg 的木夯或铁夯、石夯，由 4～8 人拉绳，2 人扶夯，举高不小于 0.5m，一夯压半夯，按次序进行。

⑤ 较大面积人工回填用打夯机夯实。两机平行时其间距不得小于 3m，在同一夯打路线上前后间距不得小于 10m。

(2) 机械填土方法

① 推土机填土，其要点如下。

a. 填土应由下至上分层铺填，每层铺填厚度不宜大于 30cm。大坡度堆填土，不得居高临下、不分层次地一次堆填。

b. 推土机运土回填，可采取分堆集中一次运送的方法，分段距离为 10～15m，以减少运土漏失量。

c. 土方推至填方部位时，应提起铲刀一次，成堆卸土，并向前行驶 0.5～1m，利用推土机后退时将土刮平。

d. 用推土机来回行驶进行碾压，履带应重叠一半。

e. 填土宜采用纵向铺填顺序，从挖土区段至填土区段，以 40～60m 距离为宜。

② 铲运机填土，其要点如下。

a. 铲运机铺土的铺填土区段，长度不宜小于 20m，宽度不宜小于 8m。

b. 铺土应分层进行，每次铺土厚度为 30～50cm（视所用压实机械的要求而定），每层铺土后，利用空车返回时将地表面刮平。

c. 填土一般尽量采取横向或纵向分层卸土，以利行驶时初步压实。

步骤四：土方的压实

1. 操作流程

机械碾压密实→检验密实度→修整验收。

2. 压实应注意的问题

① 碾压机械压实填方时，应控制行驶速度。本工程拟采用碾压机械分层碾压，分层厚度不大于 60cm，并随碾压随找平。

② 碾压时，轮（夯）迹应相互搭接，以防漏压或漏夯。长宽比较大时，填土应分段进行，每层接缝处应做成斜坡形，碾迹重叠 0.5～1.0m，上下层错缝距离不应小于 1m。

③ 填方超出基底表面时，应保证边缘部位的压实质量。运土后，如设计不要求边坡修整，宜将填方边缘宽填 0.5m；如设计要求边坡修平拍实，宽填可为 0.2m。

④ 在机械施工碾压不到的填土部位，应配合人工推土填充，用蛙式或柴油打夯机分层夯打密实。

⑤ 回填土方每层压实后，应按规范进行取样检验，测出干土的质量密度、压实度，达到要求后，再进行上一层的铺土。

3. 压实方法

（1）人工夯实方法

① 人力打夯前应将填土初步整平，打夯要按一定方向进行，一夯压半夯，夯夯相接，行行相连，两遍纵横交叉，分层打夯。夯实基槽及地坪时，行夯路线应由四边开始，然后再夯向中间。

② 用蛙式打夯机等小型机具夯实时，一般填土厚度不宜大于 25cm，打夯之前对填土应初步平整，用打夯机依次夯打，均匀分布，不留间隙。

③ 基坑（槽）回填时，应在相对两侧或四周同时进行回填与夯实。

④ 回填管沟时，应用人工先在管子周围填土夯实，并应从管道两边同时进行，直至管顶 0.5m 以上。在不损坏管道的情况下，方可采用机械填土回填夯实。

（2）机械压实方法

① 为保证填土压实的均匀性及密实度，避免碾轮下陷，提高碾压效率，在碾压机械碾压之前，宜先用轻型推土机、拖拉机推平，低速预压 4～5 遍，使表面平实。采用振动平碾压实爆破石渣或碎石类土时，应先静压，而后振压。

② 碾压机械压实填方时，应控制行驶速度，一般平碾、振动碾不超过 2km/h，羊足碾不超过 3km/h，并要控制压实遍数。碾压机械与基础或管道应保持一定的距离，防止将基础或管道压坏或使其移位。

③ 用平碾压路机进行填方压实时，应采用“薄填、慢驶、多次”的方法，填土厚度不应超过 25～30cm；碾压方向应从两边逐渐压向中间，碾轮每次重叠宽度为 15～25cm，避免漏压。运行中，碾轮边距填方边缘应大于 500mm，以防发生溜坡倾倒。边角、边坡、边缘压实不到之处，应辅以人力夯或小型夯实机具夯实。压实密实度，除另有规定外，应压至轮子下沉量不超过 1～2cm 为度。每碾压一层后，应用人工或机械（推土机）将表面拉毛以利接合。平碾碾压一层后，应用人工或推土机将表面拉毛。土层表面太干时，应洒水湿润后继续回填，以保证上、下层接合良好。

④ 用羊足碾碾压时，填土厚度不宜大于 50cm，碾压方向应从填土区的两侧逐渐压向中心。每次碾压应有 15～20cm 重叠，同时随时清除黏着于羊足之间的土料。为提高上部土层密实度，羊足碾碾压过后，宜辅以拖式平碾或压路机补充压平压实。

⑤ 用铲运机及运土工具进行压实时，铲运机及运土工具的移动须均匀分布于填筑层的全部，逐次卸土碾压。

【知识链接】

一、土的工程分类

按土石坚硬程度、施工开挖的难易程度将土石划分为八类，见表1-3。

表1-3　土的工程分类

土的分类	土的级别	土的名称	开挖方法及工具
一类土（松软土）	Ⅰ	砂土、粉土、冲积砂土层；疏松的种植土、淤泥（泥炭）	用锹、锄头挖掘，少许用脚蹬
二类土（普通土）	Ⅱ	粉质黏土；潮湿的黄土；夹有碎石、卵石的砂；粉土混卵（碎）石；种植土、填土	用锹、锄头挖掘，少许用镐翻松
三类土（坚土）	Ⅲ	软及中等密实黏土；重粉质黏土、砾石土；干黄土、含有碎石或卵石的黄土、粉质黏土；压实的填土	主要用镐，少许用锹、锄头挖掘，部分用撬棍
四类土（砂砾坚土）	Ⅳ	坚硬密实的黏性土或黄土；含碎石、卵石的中等密实黏性土或黄土；粗卵石；天然级配砾石；软泥灰岩	整个先用镐、撬棍，后用锹挖掘，部分用楔子及大锤
五类土（软石）	Ⅴ～Ⅵ	硬质黏土；中密实页岩、泥灰岩、白垩土；胶结不紧的砾岩；软石灰岩及贝壳石灰岩	用镐或撬棍、大锤挖掘，部分使用爆破方法
六类土（次坚石）	Ⅶ～Ⅸ	泥岩、砂岩、砾岩；坚实的页岩、泥灰岩、密实的石灰岩；风化花岗岩、片麻岩及正长岩	用爆破方法开挖，部分用风镐
七类土（坚石）	Ⅹ～ⅩⅢ	大理岩、辉绿岩；粉岩；粗、中粒花岗岩；坚实的白云岩、砂岩、砾岩、片麻岩、石灰岩；微风化安山岩、玄武岩	用爆破方法开挖
八类土（特坚石）	ⅩⅣ～ⅩⅥ	安山岩、玄武岩；花岗片麻岩；坚实的细粒花岗岩、闪长岩、石英岩、辉长岩、辉绿岩、粉岩、角闪岩	用爆破方法开挖

二、土的相关特征

1. 土壤含水量

土壤含水量是指土壤孔隙中水的质量与土壤颗粒质量之间的比值。当土壤含水量在5%以下时，称为干土；在5%～30%之间时，称为潮土；而大于30%时，称为湿土。土壤含水量直接影响土方施工的难易程度。如果土壤含水量过低，土质会变得过于坚实，不易挖掘；而如果含水量过高，土壤则容易变得泥泞，也不利于施工。这种情况下，无论是人力施工还是机械施工，工作效率都会较低。因此，合理控制土壤含水量对于土方施工至关重要。

2. 土壤的密实度

土壤的密实度是用来描述土壤在填筑后的密实程度的指标，在填方工程中被用来评估土壤施工的密实程度。为了确保土壤达到设计要求的密实度，可以采用人力夯实或机械夯实的方法。通常情况下，采用机械夯实可以达到约95%的密实度，而人力夯实则可达到约87%的密实度。对于大面积填方工程，例如堆山等，通常不需要进行夯压，而是依靠土壤自身的重量逐渐沉降，经过一段时间也能够达到一定的密实度。无论采用何种方法，确保土壤的密实度对于填方工程至关重要。

3. 土壤的可松性

土壤的可松性是指土壤经挖掘后，其原有紧密结构遭到破坏，土体松散而使体积增加的性质。可松性用可松性系数表示。不同类型土壤的可松系数不同。由于土方工程量是以自然状态的体积来计算的，所以在土方调配、计算土方机械生产率及运输工具数量等的时候，必须考虑土壤的可松性。

4. 其他物理性质

密度：表示单位体积土的质量，又称质量密度，符号为 ρ，单位是 t/m^3。

饱和重度：土中孔隙完全被水充满时土的重量。

孔隙比：土中孔隙体积与土粒体积之比。

重度：单位体积土所受的重力，又称重力密度。

干重度：土的单位体积内颗粒所受的重力。

饱和密度：土中孔隙完全被水充满时的密度。

三、土方施工机具

1. 人力施工

人力施工工具主要是锹、镐、钢钎等。人力施工不但要组织好劳动力，而且要注重安全和保证工程质量。

① 施工者要有足够的工作面积，一般平均每人应为 4～$6m^2$。

② 开挖土方四周不得有重物及易坍落物。

③ 在挖土过程中，随时注意观察土质情况；要有合理的边坡；必须垂直下挖者，松软土不得超过 0.7m，中等密度土不得超过 1.25m，坚硬土不得超过 2m。

④ 挖方工人不得在土壁下向里挖土，以防上方土塌陷。

⑤ 在坡上或坡顶施工者，要注意坡下情况，不得向坡下滚落重物。

⑥ 施工过程中注重保护基桩、龙门板或标高桩。

2. 机械施工

主要施工机械有推土机、挖土机等，在景观施工中推土机应用较广泛。例如，在挖掘水体时，用推土机推挖，将土推至水体四面，再运走或堆置地形。

（1）挖方工具

推土机是土石方工程施工中的主要机械之一，它由拖拉机与推土工作装置两部分组成，行走方式有履带式和轮胎式两种，工作装置的操作方法分为液压操作与机械传动。

反铲挖掘机是非常常见的挖掘机，其铲子向后、向下强制切土。正铲挖掘机的铲子向前、向上强制切土，适合地面以上的部分使用。

（2）压实机具

① 平碾压路机（图 1-6）又称为光碾压路机。按装置形式不同，分为单轮压路机、双轮压路机及三轮压路机等；按作用于上层荷载的不同，分为静作用压路机和振动压路机两种。

② 羊足碾压路机（图 1-7）。其具有压实质量好，操作工作面小，调动机动灵活等优点，但需用拖拉机牵引作业。一般羊足碾压路机适用于压实中等深度的粉质黏土、粉土、

图 1-6 平碾压路机

黄土等。因羊足碾压路基会使表面土壤翻松，故对于砂、干硬土块及碎石土等压实效果不佳。

图 1-7 羊足碾压路机

③ 小型打夯机（图 1-8）。其有冲击式和振动式之分。由于具有体积小，重量轻，构造简单，机动灵活，实用，操作、维修方便，夯击能量大，夯实工效较好等特点，因此小型打夯机在建筑工程上使用很广，但劳动强度较大。常用的有蛙式打夯机、内燃打夯机、电动打夯机等。小型打夯机适用于黏性较低的土（砂土、粉土、粉质黏土）基坑（槽）、管沟和各种零星分散、边角部位的填方夯实，以及配合压路机对边缘或边角碾压不到之处的夯实。

④ 平板式振动器（图 1-9）。其为现场常备机具，体形小，轻便，操作简单，但振实深度有限。平板式振动器适用于小面积黏性回填土振实、较大面积砂土的回填振实，以及薄层砂卵石、碎石垫层的振实。

四、土方施工时的安全措施

① 开挖时，两人操作间距应大于 2.5m。多台机械开挖时，挖土机间距应大于 10m。

② 不得在危岩、孤石或未加固的危险建筑物下面开挖土方。

③ 开挖应严格按要求放坡。操作时应随时注意土壁的变动情况，如发现裂纹或部分坍塌现象，应及时进行支撑或放坡，并注意支撑的稳固和土壁的变化。当采取不放坡开挖的方式时，应设置临时支护。各种支护应根据土质及深度经计算确定。

④ 采用机械方式进行多台阶同时开挖时，应验算边坡的稳定性，挖土机离边坡应有一定的安全距离，以防塌方，造成翻机事故。

图 1-8　小型打夯机

图 1-9　平板式振动器

⑤ 深基坑上下应先挖好阶梯或支撑靠梯，或开斜坡道，并采取防滑措施，禁止踩踏支撑上下。基坑四周应设安全栏杆。

⑥ 人工吊运土方时，应检查起吊工具，检查绳索是否牢靠。吊斗下面不得站人，卸土时应离开坑边一定距离，以防造成坑壁塌方。

⑦ 用手推车运土时，应先平整好道路。卸土回填时，不得放手让车自动翻转。用翻斗汽车运土时，运输道路的坡度、转弯半径应符合有关安全规定。

⑧ 重物距土坡的安全距离：汽车不小于 3m，起重机不小于 4m；土方堆放不小于 1m，堆土高不超过 1.5m，材料堆放应不小于 1m。

⑨ 当基坑较深或晾槽时间很长时，为防止边坡失水松散或地面水冲刷、浸润影响边坡稳定性，应采取边坡保护措施。

五、土方工程平衡与调配

土方工程中，一方面挖方的土需要运往某个地点，要么被用于某处，要么被堆弃一旁；另一方面，填方所需要的土应该从某处获得。这两方面的问题都与土方运输量或土方运输成本是否最优有关。要解决这个问题，则需要对上述两方面问题进行综合协调处理，以便确定挖方区、填方区土方的调配方向和数量，从而缩短工期，提高经济效益。

土方平衡调配主要是对土方工程中挖方的土需运至何处及填方所需的土应取自何方进行综合协调处理。其最优方法影响着工程的工期长短以及经济效益的好坏，所以依据一定的原则进行施工是必要的。

① 挖方与填方基本达到平衡，在挖方的同时进行填方，减少重复倒运。

② 挖（填）方量与运距的乘积之和尽可能最小，使总方运输量或运输费用最低。

③ 分区调配应与全场调配相协调，不可只顾局部的平衡而妨碍全局。

④ 土方调配应尽可能与地下建筑物或构筑物的施工相结合，有地下设施的填土，应留土后填。

⑤ 选择恰当的调配方向和运输路线，使土方运输无对流和乱流现象，并便于机械化施工。

⑥ 当工程分期分批施工时，先期工程的土方余量应结合后期工程需要，考虑其利用数和堆放位置，以便就近调配。将好土堆放在回填质量要求较高的绿化种植区内。

六、施工经验

1. 土方平衡

地形设计的一个基本要求，是使设计的挖方工程量和填方工程量基本平衡。土方平衡就是将已经求出的挖方总量和填方总量相互比较，若两者数值接近，则可认为达到了土方平衡的基本要求；若两者数值差距太大，则土方不平衡，应调整设计地形，将地面再垫高些或再挖深些，一直达到土方平衡要求为止。

土方平衡的要求是相对的，没有必要做到绝对平衡。因为计算所依据的地形图本身就不可避免地存在一定误差，而且用等高面法计算的结果也不能保证十分精确，因此在计算土方量时能够达到土方相对平衡即可。最重要的考虑则是如何既保证完全体现设计意图，又尽可能减少土方施工量和不必要的搬运量。

2. 土方调配

在做土方施工组织设计或施工计划安排时，还要确定土方量的相互调配关系。地形设计所定的填方区，其需要的土方从什么地点取土、取多少土，挖湖挖出的土方运到哪里、运多少到各个填方点等，这些问题都要在施工开始前切实解决，所以必须做好土方调配计划。

土方调配的原则是：就近挖方就近填方，使土方的转运距离最小。因此，在实际进行土方调配时，从一个地点挖出的土，优先调动到与其距离最近的填方区；近处填满后，余下的土方再往稍远的填方区转运。为清楚表明土方调配情况，可以根据地形设计图绘制一张土方调配图，在施工中指导土方的堆填工作。从土方调配图中可以看出挖、填方区域，土方的调配方向、调配数量和转运距离。

3. 调配方案

根据土方的施工标高、挖填区面积、挖填区土方量，并考虑各种变更因素（如土的松散率、压缩率、沉降量等）进行调整后，对土方进行综合平衡调配。土方平衡调配工作是土方施工中的一项重要内容，它的目的是在土方运输量和土方运输成本最低的条件下，确定填挖区的调配方向和数量，从而达到缩短工期和提高经济效益的目的。经过全面研究、确定平衡调配原则后，才可着手进行土方平衡调配工作，例如划分土方调配区、计算土方的平均运距、单位土方的运价、确定最佳的土方调配方案等。

4. 土方平衡调配方法

土方工程的特点是施工面较宽、工程量大、工期较长，所以施工组织工作很重要。大规模的工程应根据施工能力、工期要求和环境条件决定。工程既可全面铺开，也可分期进行。

① 划分土方调配区。在场地平面图上先确定挖方区、填方区的分界线（即零线），并在挖方区、填方区划分出若干调配区。

② 计算各调配区的土方量，并在调配图上标明。

③ 计算各调配区的平均运距，即挖方调配区土方重心到填方调配区土方重心之间的距离。

④ 绘制土方调配图，在图中标明调配方向、土方数量及平均运输距离。

⑤ 列出土方量平衡表。

【拓展训练】

① 将如图 1-4 所示的地形分组进行施工放样，然后进行土方施工，并提交施工方案及完成报告。

② 根据教师提供的案例，试分析土方施工过程中存在的开挖问题。

③ 根据教师提供的案例，试分析土方回填时需要注意哪些方面。

 扩展阅读

北京景山土方施工中的智慧

明成祖朱棣继位以后，于永乐四年（1406 年）下诏，次年开始营建北京宫室，在营建过程中，把拆除燕王旧宫及城墙废弃的土渣和开挖紫禁城护城河以及南海的废土在宫后堆筑了一座土山，即为景山。用这些废弃的土渣堆筑这座土山，并不仅仅是处理土渣的权宜之计，而是实现整体规划的一个不可缺少的重要组成部分。

把废弃的土渣巧妙地变幻成为明北京城中心一颗引人注目的璀璨明珠，匠心独具，体现了中国古代都城建筑营建土方施工中的智慧。

→ 项目二

水电安装施工

知识目标

① 掌握景观中管道的组成。
② 了解管道施工中的专业术语。
③ 了解常见给水管及阀门的类型。
④ 掌握景观中常见的排水方式。
⑤ 了解景观供电的基本知识。
⑥ 掌握景观中常见照明灯具和灯光造景的形式。

技能目标

① 能够在施工中选择给水、排水管的类型。
② 能够根据施工具体条件分析选择合理的排水方式。
③ 能够看懂景观供电施工图中线路的含义。
④ 能够进行基础的照明线路布置。

素质要求

① 培养学生对水电安装的安全意识。
② 培养学生现场发现问题及解决问题的能力。
③ 培养学生团队配合意识及协调能力。

【项目学习引言】

居住小区景观及绿化工程中的水电安装工程与一般室外市政给排水及照明工程有一些区别。

首先，居住小区景观及绿化工程的用水量相对较少，主要用于景观造景、给水排水和绿化养护。给水水源可以是自然水源、市政自来水或净化循环用水，而排水则是根据景观造景和养护的需要排放的污水或废水。

其次，照明方面主要包括突出景观氛围的照明和功能性照明。这些照明设施的功率较小，可以通过建筑的配电箱进行合理分配。由于水电安装工程的专业性较强，因此施工过程中需要专业人员进行安装。施工人员需要进行统一指挥并负责安装工作。这确保了水电设施的正确安装和运行。

总体来说，居住小区景观及绿化工程中的水电安装工程与一般室外市政给排水及照明工程有所区别，主要体现在用水量较少、水源和排水与景观绿化相关、照明功率较小以及施工需要专业人员等方面。

本项目通过 A 小区的水电安装工程系统介绍了水电安装的基本流程、水电安装过程中管线铺设的要点、排水的方式、照明灯具的选择和安装、电路系统调试。水电安装的施工与其他项目相互交叉，例如，管线工程需要结合土方工程提前预埋，灯具、喷头等外露设施需要待其他工程初步建设好后再进行配套安装，因此，现场施工人员应懂得各项工程的安装流程及施工工艺，以协调各方的施工工作。

给排水系统施工

给排水系统施工是景观与绿化工程基础设施的重要组成部分，与居民生活息息相关。水系统包括水源系统、用水系统、给水系统、排水系统、中水回用系统和雨水系统。给排水管道工程的施工质量直接影响着小区自身环境和周边环境的水资源利用及保护，对防涝、地下水和土壤污染等生态问题也具有重要的影响。因此，给排水工程的施工至关重要。

在小区的景观与绿化中，水是不可或缺的元素。因此，给排水系统必须能够满足人们对水量、水质和水压的要求。在使用过程中，干净的水会变为污水，需要经过处理后才能安全排放。完善的给水工程、排水工程和污水处理工程对于保护和发展小区的景观与绿化具有重要意义。这些工程的设计和施工需要专业人员的参与，以确保系统的正常运行和环境的可持续发展。

【工作流程】

管沟的放线与开挖→铺管→阀门井及阀门安装→接口的养护和试水试验→回填土。

【操作步骤】

一、给水系统施工

步骤一：管沟的放线与开挖

景观给水工程大多属于隐蔽工程，因而在施工管理上应认真做好施工过程的记录，同时在材料方面应保证管材和管件的规格及质量符合要求。

根据施工图，A小区的给水系统使用市政管道作为供水水源。市政管道从建筑物接出，主干管道的管径为 *DN*40，支管的管径为 *DN*20。给水管道采用埋地铺设方式，使用PPR管材，管道埋深为地下1500mm。

在施工过程中，首先需要设置中心桩：根据施工图测量出管道的中心线，并在起点、终点、分支点、变坡点和转弯点处设置中心桩。其次需要设置龙门板：在每个中心桩处测量其标高，并设置龙门板。龙门板需要使用水平尺进行调平，并标出开挖深度以便进行开挖中的检查。在龙门板的顶面钉上三个钉子，其中中间一个用作管沟开挖的边线。

沟槽的形式可以分为直槽、梯形槽和混合槽三种。沟槽的开挖采用人工方式进行，挖出的土放置在沟边的一侧，距离沟边至少0.5m以上。在开挖沟槽时，如果遇到管道、电缆、建筑物或其他结构物，应采取保护措施，并及时与相关单位和设计部门联系，以防止发生事故造成损失。

沟底的处理包括整平沟底，确保坡度和坡向符合设计要求，并保证土质坚实。对于松土应进行夯实，对于砾石沟底，需要挖出200mm的深度，同时使用优质土进行回填并夯实。

步骤二：铺管

铺管之前要根据施工图检查管沟坐标、沟底标高、平直程度等，无问题后方可铺设（图2-1）。

图2-1　管道铺设

在搬运和施工过程中，需要特别保护PPR管道，因为它的硬度较低，刚性较差，应避免施加不适当的外力造成机械损伤。在施工覆土后，应标明管道的位置，以免在二次装修时损坏管道。

在施工过程中，需要注意PPR管在低于5℃的温度下存在一定的低温脆性。因此，在冬季施工时要注意保护管道。

已安装的管道不能承受过重的压力或敲击，必要时需要覆盖保护物来保护易受外力影响的部位。由于PPR管长期暴露在紫外线下容易老化，因此在户外或阳光直射的地方安装时，必须使用深色防护层进行包扎。

除了与金属管或用水器连接时可以采用带螺纹嵌件或法兰等机械连接方式外，其他情况下应采用热熔连接来实现管道的一体化，确保无渗漏点。

步骤三：阀门井及阀门安装

室外埋地给水管道上的阀门均应设在阀门井内。阀门井（图 2-2）有混凝土（预制）和砖砌两种。井盖的形式分为圆形和矩形两种。

图 2-2　阀门井

① 阀门井安装。井底或井壁通常为现浇混凝土，安装预制混凝土井圈时要与井壁垂直，井底和井口标高要垂直，符合设计要求。

② 阀门安装。常用法兰式闸阀，阀门前后采用 PPR 给水短管。安装时阀门手轮垂直向上，两法兰之间加 3～4mm 厚的橡胶垫，以十字对称法拧紧螺母。

步骤四：接口的养护和试水试验

管道施工完后管顶覆土约 400mm（需根据各地区实际情况调整），两端封堵。养护时间通常 7 天即可。管道安装后，在封管（直埋）及覆盖装饰层（非直埋暗敷）前必须试压。冷水管试压压力为系统工作压力的 1.5 倍，但不得小于 1MPa；热水管试验压力为工作压力的 2 倍，但不得小于 1.5MPa。

① 在进行试压之前，需要进行以下准备工作。

a. 在管道的起始和终止端设置堵板，对于弯头和三通等部位，使用支墩进行支撑。

b. 在管道的高点设置放气阀，在低点设置放水阀。

c. 如果管道较长，需要在管道的起始和终止端各设置一个压力表；如果管道较短，只需要在试压泵附近设置一个压力表。

d. 将试压泵（通常使用手压泵）与待试压的管道连接，并安装好临时上水管道。

e. 将水充满待试压的管道，暂时不进行升压，然后进行 24h 的养护。

② 试压过程中以手压泵向被试压管道内压水，升压要缓慢。当升压至 0.5MPa 时暂停，做初步检查；无问题时徐徐升压至试验压力 p_{S1}（1MPa，特指高压给水铸铁管道工作压力）；在此压力下恒压 10min，若压力无下降或下降小于 0.05MPa，即可降到工作压力。经全面检查以不渗、不漏为合格。

③ 试压安全注意事项。管道水压试验具有危险性，因此要划定危险区，严禁闲人进入。操作人员也应远离堵板、三通、弯头等处，以防发生危险。

在试压前，当向被试压管道内充水时，需要打开放气阀，待管道内的空气排净后再关闭放气阀。这样可以确保管道内充满水，避免空气对试压结果的影响。

在试压过程中，从开始到结束，升压的过程应该缓慢进行，并且要避免较大的震动，这样可以保证试压的准确性和安全性。

试压完成后，应打开放水阀（或泄水阀），将被试压管道内的水全部排干。这样可以释放管道内的压力，让管道恢复到正常状态。

步骤五：回填土

试压、防腐之后可进行土方回填。在填土之前进行全面检查，确认无误后方可回填。回填土内不得有石块，要具有最佳含水量。回填时应分层夯实，每层宜 100～200mm，最后一层应高出周围地面 30～50mm。

二、排水系统施工

步骤一：管沟的放线与开挖

管沟的放线与开挖施工工艺参见给水管道施工。

步骤二：修筑管基

首先检查管沟的坐标、沟底标高、坡度坡向及检查井位置等。以上要符合设计要求，且沟底土质良好，确保管道安装后不下沉。然后修筑管基。管基通常为现浇混凝土，其厚度及坡度坡向要符合设计要求。

步骤三：铺管

① 检查管材。PPR 管的规格要符合设计要求，不得有裂纹、破损和蜂窝麻面等缺陷。

② 清理管口。将每节管的两端接口用棉纱、清水擦洗干净。

③ 铺管。将沟边的管子以人工逐根放入沟内的管基上，使接口对正。然后通过直线管段上首、尾两个检查井的中心点拉一条粉线，该粉线即管中心线。据此线来调整管子，使管道平直，并以水平尺检测其坡度、坡向，使之符合设计要求。

步骤四：接口养护

接口的养护参见给水管道施工。

步骤五：砌筑检查井

砌筑检查井（或安装混凝土预制井圈）时，井壁要垂直，井底、上口标高以及截面尺寸应符合设计要求。

步骤六：灌水试验

灌水试验也称为闭水试验，应在管道覆土前进行。

① 在试验前的准备工作中，需要进行以下步骤。

将被试验管段的上游和下游检查井内的管端使用钢制堵板进行封堵。

在上游检查井旁边设置一个试验用的水箱。水箱内的试验水位高度应根据管道铺设在干燥土层内的情况确定，一般要高出上游检查井管顶 4m。

将试验水箱底部与上游井内的管端堵板连接起来，可以使用管子进行连接。

下游井内的管端堵板下方连接一个泄水管，并挖好排水沟，用于排放试验过程中的水。

② 试验过程。在试验开始前，首先从水箱向被试验管段内充满水，然后让其浸泡1～2个昼夜，即24～48h，这样可以确保管道充分吸水和膨胀。试验开始时，先测量并记录好试验水位，然后观察各接口是否有渗漏现象。观察时间应不少于30min，以确保管道在试验过程中没有泄漏。

在湿土壤内铺设的管道，需检查地下水渗入管道内的水量。当地下水位超过管顶4m以上时，每增加1m水头，允许增加渗入水量的10%；当地下水位高出管顶2m以内时，可按干燥土层做渗出水量试验。

排除带有腐蚀性污水的管道，不允许渗漏。

雨水管道以及与雨水性质近似的管道，除大孔性土壤和水源地区外，可不做闭水试验。

步骤七：回填土

在完成灌水试验并办理“隐蔽工程验收记录”后，可以进行回填土的工作。在管道上部500mm范围内，不允许回填直径大于100mm的石块和冻土块；在500mm以上的范围内回填的块石和冻土不得过于集中。如果使用机械进行回填，机械不得在管沟上行驶，以免对管道造成破坏。

回填土应该进行分层夯实，每层的虚铺厚度应控制在300mm以内（对于机械夯实）或200mm以内（对于人工夯实）。在管道接口处，必须仔细夯实以确保连接处的稳固性。

【知识链接】

一、景观给水工程概述

普通给水管道铺设方式多为埋地。常用的管材有钢管和给水铸铁管两种，其中多采用承插式给水铸铁管。承插式给水铸铁管的接口填料通常为两层：第一层，对于生产给水可采用白麻、油麻、石棉绳、胶圈等，对于生活给水一般采用白麻或胶圈；第二层，采用石棉水泥、自应力水泥砂浆、青铅等，其中多采用石棉水泥。

1. 管道的组成和管子、管路附件的标准化

（1）管道的组成

管道也称为管路，通常由管子、管路附件和接头配件组成。管路附件是指附属于管路的部分，如阀门、过滤器、混水器、水压表、流量表等。接头配件包括两部分：一是管件，如三通、四通、弯头、大小头、外接头、活接头等；二是连接件（紧固件），如法兰、螺栓、螺母、垫圈、垫片等。

（2）管子、管路附件的标准化

管子、管路附件的标准化，是将管子、附件和接头配件的类型、规格、型号、质量等制定出统一的技术标准，以统一管子、附件和接头配件的设计、制造和供应，并给管道施工、维修、选用带来方便。

我国的技术标准分为国家标准、行业标准、企业标准和地方标准等。在管道工程中，使用最多的是国家标准和行业标准。技术标准由类别代号（拼音字母缩写）、顺序号（阿拉伯数字）、颁发年号（阿拉伯数字）组成。例如《喷灌与微灌工程技术管理规程》的标准代号为 SL 236—1999，标准代号分解如图 2-3 所示。

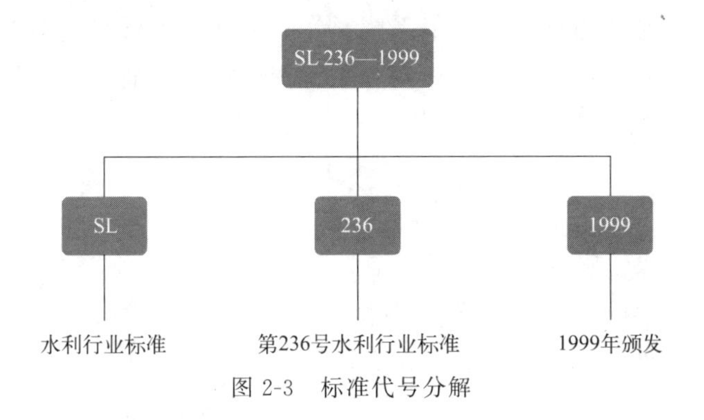

图 2-3　标准代号分解

2. 公称直径、公称压力、试验压力和工作压力

（1）公称直径

管子、管件和管路附件的公称直径（也称为公称通径、名义直径），既不是实际的内径，也不是实际的外径，而是称呼直径。其直径数值近似于法兰式阀门和某些管子（如黑铁管、白铁管、上下水铸铁管）的实际内径。例如：公称直径 25mm 的白铁管，实测其内径数值为 25.4mm 左右。

采用公称直径，便于管子与管子、管子与管件、管子与管路附件的连接，保持接口的一致。所以，无论管子的实际外径（或实际内径）多大，只要公称直径相同，就都能相互连接，并且具有互换性。

公称直径以符号“*DN*”表示，公称直径的数值写于其后，单位 mm（单位不写）。例如：*DN*50，表示公称直径为 50mm。

（2）公称压力、试验压力和工作压力

三者均与介质的温度密切相关，都是指在一定温度下制品（或管道系统）的耐压强度，三者的区别在于介质的温度不同。

① 公称压力。管子、管件和附件的材质不同，耐压强度也不同。而且在不同的温度下相同管子、管件和附件的耐压强度也不一样。为了判断和识别制品的耐压强度，必须选定某一温度为基准，该温度称为基准温度。制品在基准温度下的耐压强度称为公称压力。制品的材质不同，其基准温度也不同。一般碳素钢制品的基准温度采用 200℃。公称压力以符号“*PN*”表示，其单位为 MPa。例如 *PN*1，表示公称压力为 1MPa。

② 试验压力：通常是指制品在常温下的耐压强度。管子、管件和附件等制品，在出厂之前以及管道工程竣工之后，均应进行压力试验，以检查其强度和严密性。试验压力以符号“P_S”表示。例如 P_S1.6 表示试验压力为 1.6MPa。

③ 工作压力：一般是指给水温度下的操作（工作）压力。工作压力以符号“P_t”表示，“t”为缩小至 1/10 之后的介质最高温度。例如：P_{25}2.3，表示在介质最高温度为 250℃下的工作压力是 2.3MPa。

公称压力、试验压力和工作压力之间的关系为 $P_s > PN \geqslant P_t$

3. 常见给水管、阀门的类型及特性

（1）钢管

① 常用的给水、排水管材通常是用普通碳素钢中的软钢制造而成的。管材特征为纵向有一条缝，其缝隙有的明显，有的不太明显。按表面是否镀锌可分为镀锌钢管和不镀锌钢管。镀锌钢管也叫白铁管，不镀锌钢管俗称黑铁管。按管端是否带螺纹可分为带螺纹和不带螺纹两种。按管壁的厚度可分为普通管、加厚管和薄壁管三种。常用规格有 *DN*8、*DN*10、*DN*15、*DN*20、*DN*25、*DN*32、*DN*40、*DN*50、*DN*65、*DN*80、*DN*100、*DN*125、*DN*150 等。给水工程中使用的多是普通管。其中白铁管的常用直径范围为 *DN*15～80，黑铁管的常用直径范围为 *DN*15～150。

② 直缝卷制电焊钢管，也称为卷板钢管，是由普通碳素钢在工厂或现场卷制、焊接而成的。管材特征为纵、横向均有直的焊缝。常用于工作压力不大于 1.6MPa，工作温度不超过 200℃的水、气等介质管道，如水泵房管道（水泵配管）等。

（2）铸铁管

① 给水铸铁管。给水铸铁管通常用灰口铸铁浇铸而成，出厂前内外表面涂一层沥青漆。给水铸铁管按接口形式可分为承插式和法兰式两种；按压力可分为高压给水铸铁管（工作压力为 1MPa）、中压给水铸铁管（工作压力为 0.75MPa）和低压给水铸铁管（工作压力为 0.45MPa）。高压给水铸铁管的常用规格有 *DN*75、*DN*100、*DN*125、*DN*150、*DN*200、*DN*250、*DN*300、*DN*350、*DN*400、*DN*450 等。高压给水铸铁管通常用于室外给水管道；中、低压给水铸铁管可用于雨水管道。

② 排水铸铁管。其通常是用灰口铸铁铸造而成的，管壁较薄，承口较小，出厂之前内外表面不涂刷沥青漆，接口形式只有承插式一种。常用规格有 *DN*50、*DN*75、*DN*100、*DN*125、*DN*150、*DN*200 等。排水铸铁管主要用于雨水及室内生活污水等重力流动的管道。

（3）混凝土管

混凝土和钢筋混凝土排水管主要用于雨水及室外生活污水等排水管道工程。钢筋混凝土管分为轻型和重型两种，其中常用轻型。按照接口形式分为平口式和承插口式两种，其中常用平口式。混凝土管的常用规格有 *DN*75、*DN*100、*DN*150、*DN*200、*DN*250、*DN*300、*DN*350、*DN*400、*DN*450、*DN*500 等；轻型钢筋混凝土管的常用规格有 *DN*700、*DN*800、*DN*900、*DN*1000、*DN*1100，*DN*1200、*DN*1350、*DN*1500、*DN*1650、*DN*1800 等。

（4）陶土管

陶土管分为无釉、单面釉（内表面）和双面釉三种，其接口形式通常为承插式。常用直径为 100～600mm，每根管的长度为 0.5～0.8m。带釉陶土管内表面光滑，具有良好的耐腐蚀性能，用于排除含酸、碱等的工业污、废水。

（5）塑料管

塑料管质轻，输水性能好，便于施工，已广泛用于喷灌及微灌工程。

① 聚氯乙烯（PVC）管，分为硬质聚氯乙烯管和软质聚氯乙烯管，公称直径为 20～200mm。

绿地喷灌系统常使用承压能力为0.63MPa、1.00MPa、1.25MPa的硬质聚氯乙烯管。

② 聚乙烯（PE）管，分为高密度聚乙烯（HDPE）管和低密度聚乙烯（LDPE）管。前者性能好但价格昂贵，使用较少。后者机械强度较低但耐冲击性好，适合在较复杂的地形铺设，是绿地喷灌系统中常使用的管材。微灌系统中管径小于50mm时应选用微灌用聚乙烯管。

③ 聚丙烯（PP）管，耐热性能优良，适用于移动或半移动喷灌系统场合。这类场合由于太阳的直射，暴露在外的管道需要一定的耐热性。

(6) 常用阀门

在给水管道系统中，阀门起着启闭管路、调节流量和水压以及安全防护的作用。

阀门的型号由七部分组成：阀门类型、驱动方式、连接形式、结构形式、密封圈或衬里材料、公称压力和阀体材料。其中阀门的公称压力直接以公称压力数值表示。

阀门型号举例如下。

① Z944T-1，*DN*500，即公称直径500mm，电动机驱动，法兰连接，明杆平行式双板闸阀，密封圈材料为铜，公称压力为1MPa，阀体材料为灰铸铁（灰铸铁阀体 $PN \leqslant 1.6$MPa时，不写材料代号）（图2-4）。

② J11T-1.6，*DN*32，即公称直径32mm，手轮驱动（省略不写），内螺纹连接，直通式（铸造），密封圈材料为铜，公称压力为1.6MPa，阀体材料为灰铸铁（省略不写）的截止阀。

③ H11T-1.6K，*DN*50，即公称直径50mm，自动启闭（省略不写），内螺纹连接，直通式（铸造），密封圈材料为铜，公称压力为1.6MPa，阀体材料为可锻铸铁的止回阀。

图2-4 电动机驱动阀

4. 给水方式

根据给水性质和给水系统构成的不同，可将园林给水分成三种方式。

(1) 引用式

园林给水系统如果直接到城市给水管网系统上取水，就是直接引用式给水。采用这种给水方式，其给水系统的构成也就比较简单，只需设置园内管网、水塔、清水蓄水池即可。引水的接入点可视园林绿地具体情况及城市给水干管从附近经过的情况而决定，可以集中一点接入，也可以分散由几点接入。

(2) 自给式

野外风景区或郊区的园林绿地中，如果没有直接取用城市给水水源的条件，就可考虑就近取用地下水或地表水。以地下水为水源时，因水质一般比较好，往往不用净化处理就可以直接使用，因而其给水工程的构成就要简单一些。一般可以只设水井（或管井）、泵房、消毒清水池、输配水管道等。如果采用地表水作水源，其给水系统构成就要复杂一些，从取水到用水过程中所需布置的设施顺序是：取水口、集水井、一级泵房、加矾间与混凝池、沉淀池及其排泥阀门、滤池、清水池、输水管网、水塔或高位水池等。

(3) 兼用式

在既有城市给水条件又有地下水、地表水可供采用的地方，接上城市给水系统，作为园林生活用水或游泳池等对水质要求较高的项目用水水源；而园林生产用水、造景用水等，则另设一个以地下水或地表水为水源的独立给水系统。这样做所投入的工程费用稍多一些，但以后的水费却可以大大节约。

对于地形高差显著的园林绿地，可考虑分区给水方式。分区给水就是将整个给水系统分成几个区，不同区的管道中水压不同，区与区之间可有适当的联系以保证供水可靠和调度灵活。

5. 给水管网的审核

① 审核园林给水管网时，首先应该确定水源及给水方式。

② 确定水源的接入点：一般情况下，中小型公园用水可由城市给水系统的某一点引入；但对较大型的公园或狭长形状的公园用地，由一点引入则不够经济，可根据具体条件采用多点引入。采用独立给水系统的，则不考虑从城市给水管道接入水源。

③ 对园林内所有用水点的用水量进行计算，并算出总用水量。

④ 确定给水管网的布置形式、主干管道的布置位置和各用水点的管道引入。

⑤ 根据已计算出的总用水量，进行管网的水力学计算，按照计算结果选用管径合适的水管，最后布置成完整的管网系统。

6. 园林用水量核算

核算园林总用水量，先要根据各种用水情况下的用水量标准，计算出园林最高日用水量和最大时用水量，并确定相应的日变化系数和时变化系数。给水管网系统的设计，就是按最高日、最高时用水量确定的，最高日、最高时用水量就是给水管网的设计流量。

（1）园林用水量标准

园林用水量标准是国家根据各地区不同的气候、生活水平、生活习惯、房屋卫生设备等情况而制定的。这个标准针对不同用水情况分别规定了用水指标，这样可以更加符合实际情况，同时也是计算用水量的依据。

（2）园林最高日用水量核算

园林最高日用水量就是园林中用水最多那一天的消耗水量，用 Q_d 表示。园林内各用水点用水量标准不同时，最高日用水量应当等于各点用水量的总和。

最高日、最大时用水量核算：在用水量最大一天中消耗水量最多的那一小时的用水量，就是最高日、最大时用水量，用 Q_h 表示。核算时，应尽量切合实际，避免产生较大的误差。

（3）园林总用水量核算

在确定园林总用水量时，除了要考虑近期满足用水要求外，还要考虑远期用水量增加的可能，要在总用水量中增加一些发展用水、管道漏水、临时突击用水及其他不能预见的用水量。这些用水量可按日用水量的 15％ ～25％来确定。

7. 管网的布置要点

园林中用水点比较分散，用水量和水压差异很大，因此给水管网布置必须保证各用水点的流量和水压，力求管线短、投资少，达到经济合理的目的。一般中小型公园的给水可由一点引入。大型公园，特别是地形复杂时，为了节约管材，减少水头损失，有条件的，可就地就近，从多点引入。

① 干管应靠近主要供水点。

② 干管应靠近调节设施（如高位水池或水塔）。

③ 在保证不受冻的情况下，干管宜随地形起伏敷设，避开复杂地形和难以施工的地段，以减少土石方工程量。

④ 干管应尽量埋设于绿地下，避免穿越或设于园路下。

⑤ 和其他管道按规定保持一定距离。

8. 管网布置的一般规定

（1）管道埋深

冰冻地区，应埋设于冰冻线以下 40cm 处；不冻或轻冻地区，覆土深度应不小于 70cm。当然管道也不宜埋得过深，埋得过深，工程造价高。但也不宜过浅，否则管道易遭破坏。

（2）阀门及消火栓

给水管网的交点称为节点，在节点上设有阀门等附件，为了检修和管理方便，节点处应设阀门井。阀门除安装在支管和干管的连接处外，为便于检修维护，要求每 500m 直线距离设一个阀门井。配水管上安装消火栓，按规定其间距通常为 120m，且其位置距建筑不得少于 5m，为了便于消防车补给水，离车行道的距离不大于 2m。

（3）管道材料的选择（包含排水管道）

大型排水渠道有砖砌、石砌及预制混凝土装配式等。

9. 给水管网布置形式

给水管网布置形式的基本要求如下。

① 在技术上，要使园林各用水点有足够的水量和水压。

② 在经济上，应选用最短的管道线路，要考虑施工的方便，并努力使给水管网的修建费用最低。

③ 在安全上，当管网发生故障或进行检修时，要求仍能保证一定的供水量。

为了把水送到园林的各个角落，除了要安装大口径的输水干管以外，还要在各用水处埋设口径大小不同的配水管网。由输水干管和配水支管构成的管网是园林给水工程中的主要部分，它占全部给水工程投资的 40%～70%。

二、景观排水的基本特点

① 主要是排除雨水和少量生活污水。

② 景观地形起伏多变有利于地面水的排除。

③ 景观中大多有水体，雨水可就近排入园中水体。

④ 景观绿地通常植被丰富，地面吸水能力强，地面径流较小，因此雨水一般采取以地面排除为主，沟渠和管道排除为辅的综合排水方式。

⑤ 可以利用排水设施创造瀑布、跌水、溪流等景观。

⑥ 排水的同时还要考虑土壤能吸收到足够的水分，以利植物生长，干旱地区尤应注意保水。

三、排水方式

1. 地形排水

地形排水即利用地面坡度使雨水汇集，再通过沟、涧、山道等加以组织引导，就近排入附近水体或城市雨水管渠。这是公园排除雨水的一种主要方法，此法经济实用，便于维修，而且景观自然。利用地形排除雨水时，若地表种植草皮，则最小坡度为0.5%。

2. 管渠排水

管渠排水是利用明沟、管道、盲沟等设施进行排水的方式。

（1）明沟排水（图2-5）

明沟排水主要是指土质明沟，其断面形式有梯形、三角形和自然式浅沟，沟内可植草种花，也可任其生长杂草，通常采用梯形断面。在某些地段，根据需要也可砌砖、石或混凝土明沟，断面形式常采用梯形或矩形。

（2）管道排水

在景观中的某些局部，如低洼的绿地、铺装的广场及休息场所，以及建筑物周围的积水和污水的排除，需要或只能利用铺设管道的方式进行。管道排水的特点是不妨碍地面活动，卫生和美观，排水效率高；但造价也高，且检修困难。

（3）盲沟排水（图2-6）

盲沟是一种地下排水渠道，又名暗沟、盲渠，主要用于排除地下水，降低地下水位。盲沟排水适用于一些要求排水良好的全天候的体育活动场地、地下水位高的地区以及某些不耐水的景观植物生长区等。

图2-5　明沟排水

图2-6　盲沟排水材料

① 盲沟排水的优点：取材方便，可废物利用，造价低廉；不需附加雨水口、检查井等构筑物，地面不留“痕迹”，从而保持了景观绿地及其他活动场地的完整性。

② 盲沟的布置形式：取决于地形及地下水的流动方向。常见的有四种形式，即自然式（树枝式）、截流式、箅式（鱼骨式）和耙式。自然式适用于周边高、中间低的山坞状园址地形，截流式适用于四周或一侧较高的园址地形，箅式（鱼骨式）适用于谷底或低洼积水较多处，耙式适用于一面坡的情况。

③ 盲沟的埋深和间距：盲沟的埋深主要取决于植物对地下水位的要求、受根系破坏的影响、土壤质地、冰冻深度及地面荷载情况等因素，通常为1.2～1.7m；支管间距则取决于土壤种类、排水量和要求的排除速度；对排水要求高即全天候的场地，应多设支

管，支管间距一般为8～24m。

④ 盲沟纵坡：盲沟沟底纵坡不小于0.5%。只要地形等条件许可，纵坡坡度应尽可能取大些，以利地下水的排除。

四、景观排水与水土保持

雨水径流对地表的冲刷是地面排水面临的主要问题。必须采取合理措施来防止冲刷，保持水土，维护景观，通常从以下三方面着手。

① 地形设计时充分考虑排水要求，注意控制地面坡度，使之不至于过陡，否则应另采取措施以减少水土流失。

② 同一坡度（即使坡度不大）的坡面不宜延伸过长，应该有起伏变化，以阻碍缓冲径流速度，同时也丰富了景观地貌。

③ 用顺等高线的盘山道、谷线等拦截和组织排水。

【拓展训练】

① 简述给排水管线工程施工程序。

② 简述常见给水管及阀门型号的含义。

③ 盲沟的埋深和间距主要取决于哪些因素？

④ 灌水试验应该注意哪些环节？

扩展阅读

故宫巧妙的排水设计

作为一座拥有600多年历史且未受积水困扰的宫殿，故宫地面上遍布类似铜钱的孔洞，这些孔洞被称为“钱眼”。实际上，这些“钱眼”是排水系统的进水口，引导屋顶排出的水流进入排水沟渠。排水沟渠收集的积水最终汇集至午门内和太和门前的一条河流——“内金水河”，这是故宫的内河。故宫北门神武门的地平标高为46.05m，南门午门的地平标高为44.28m，呈现北高南低的地势。故宫的排水系统巧妙地利用了中央高、四周低、北部高、南部低的地势，迅速将雨水汇集，导入内河，并将其排出故宫外。

任务二 景观灯系统施工

景观照明作为室外照明的一种形式，在体现夜景效果上非常必要且重要。而景观照明施工属于专业性较强的项目，需要学习和掌握的知识、技能非常丰富，除了要了解景观供电设计所必需的基本知识外，也要学习景观照明工程施工的一般方法和注意事项。在这个基础上，重点掌握如何检验照明工程的施工质量。本任务只是向初学者展示框架内容。

【工作流程】

管线的埋地敷设→照明工程安装前检查→灯座施工→照明工程安装阶段→竣工验收→系统测试。

【操作步骤】

步骤一：管线的埋地敷设

考虑到照明管线的架空施工会破坏应有的景观效果，因此一般采用管线埋地敷设的方式。但在不影响景观的隐蔽地带或角落施工时，为了节约工程费用，也可以根据实际情况架空敷设。

埋地敷设管线时常采用铠装电缆直接埋入地下敷设。沟槽开挖前由测量人员放线定位。根据管线上方覆土深度的不同，管线埋地敷设又可分为深埋和浅埋两种情况。深埋是指管道上的覆土深度大于1.5m；而浅埋则指覆土深度小于1.5m。一般浅埋沟槽开挖深55cm，宽40cm，沟底清平，上敷电缆，回填土夯实。每敷设一档电缆测一次绝缘电阻，按规范不低于0.5MΩ（此处注意，单位是MΩ而非mΩ）为合格。敷设电缆时，禁止在两个灯杆之间有任何接头。敷设时，按电压等级排列，高压电缆在上面，低压电缆在下面，控制和通信电缆在最下面。敷设完毕后，盖好敷设前揭开的电缆沟水泥板。

管道采用深埋还是采用浅埋，主要取决于下述条件：管道中是否有水；是否怕寒冷冻害；土壤冰冻线的深度情况。当有多条管线平行埋设在一处时，为避免相互影响并保证管线安全，管线之间在水平方向和垂直方向上都要留有足够的间距。特别是管线相互交叉穿过时，更要保证管线的垂直间距，以免造成管线之间的冲突。

步骤二：照明工程安装前检查

对主要材料、构件、零部件、灯柱、灯盘（含灯具）、配电系统、升降系统、限位装置、避雷装置等，按设计文件中的技术规范及国家（或行业）有关标准规定进行检验。

① 检查所有零部件的出厂合格证是否齐全，材质、尺寸是否符合设计要求。采用的电气产品应是符合国家标准的产品，零部件应配套。

② 检查灯杆所使用金属材料的材质检验报告单，检查金属构件材料的抗拉强度、屈服强度、抗冲击强度、延伸率和硫（磷）含量的合格证，以及含碳量和冷弯试验合格证等是否齐全，是否符合国家标准的规定。

③ 检查焊接材料的合格证明文件，检查出厂时对焊缝探伤的合格率是否大于95%，并对杆件及其焊缝进行外观检查。结构用钢不得有影响材料力学性能的裂纹、分层、夹渣等缺陷，麻点或划痕的深度不得大于钢材负公差的一半，且不应大于0.5mm。

焊缝尺寸必须符合设计要求，金属表面的焊棱应均匀，不得有影响强度的裂纹、夹渣、焊瘤、烧穿、未融合、弧坑和针状气孔，并且无褶皱和中断等缺陷。焊缝区咬肉深度不允许超过0.5mm，累计总长度不得超过焊缝总长的10%。焊缝宽度小于20mm，焊角高度为1.5～2.5mm。角焊缝尺寸应为6～8mm，焊角尺寸不允许小于设计尺寸。

④ 检查升降式高杆照明装置的升降系统出厂前的可靠性试验文件是否齐全，是否符合设计文件及有关标准的规定。

⑤ 检查生产厂商提供的灯杆结构强度计算书是否符合设计文件的要求。

⑥ 检查照明装置的各加工部件是否按设计要求做了防腐处理，并具有出厂质检证书。

⑦ 灯杆直线度和圆度各项尺寸误差及形位误差的检验，采用直尺、卡尺、水平仪等，按设计图纸、技术规范及相应的国家行业标准有关要求进行检验，合格后方能使用。

⑧ 检查灯具及其配套的电光源、附件、避雷针等的规格、型号是否符合设计规定。

步骤三：灯座施工

灯杆基坑开挖前，对基坑开挖位置测量放线，并请监理工程师现场核准。灯杆定位由专业测量人员进行，保证杆位放线准确；杆坑开挖，顺线路方向移位不应超过设计档距的5%，垂直线路不超过50mm。基坑开挖深度偏差不超过+100mm和-50mm。施工中如出现基坑超挖，应进行回填和夯实。灯杆底座采用现场混凝土浇筑，接地极打入设计深度。对每根灯杆所需接地极数量进行试验。测量接地电阻值不应大于10Ω，若大于10Ω，则增加接地极，直到符合设计要求为止。得出结论后按此数量施工，然后再复测，个别不满足的加打。

在浇筑灯杆基础前，预制地脚螺栓并按设计尺寸焊接成架子置于钢筋架上；将电缆进线管按图纸要求弯制，用细钢丝固定于地脚螺栓架上，堵好管口。基础配筋完成后进行基础浇筑，商品混凝土强度等级按设计要求，浇筑时用振动器振捣密实，并按要求做好混凝土试块。

步骤四：照明工程安装阶段

在灯杆基础施工完毕后达到设计强度时，进行灯杆吊装。灯杆吊装前，安装好拔梢杆和灯臂并组装好灯具。

① 全数检查每个灯杆测量放线确定的平面位置是否符合设计图要求，全数检查基础开挖尺寸，并要求承包人对于高杆灯的基础土壤承载力提供试验报告，若不能满足设计要求，应及时通知业主、设计单位等及时处理。

② 对钢筋混凝土基础，应按相关钢筋混凝土质量监理的要求进行全过程旁站监理，地脚螺栓的定位应满足垂直度及基础高程的要求。

③ 在防雷接地装置的安装过程中，应全过程旁站，并检验接地电阻值是否满足设计要求。高杆灯的防雷接地电阻不大于10Ω。

④ 灯杆就位后，要检查灯杆的竖直度，不大于0.5%者为合格。

⑤ 高杆灯安装完成后，对升降部分的卸载和脱离这两个过程要进行两次以上试验，确保准确无误后，将钢丝绳终点标示清楚并调整好灯盘上的限位开关。同时还要检查配电系统、卷扬机构的工作是否正常。安装调试，要求自动挂钩、安全锁紧装置及升降机构均灵活运转、动作准确，无卡死或迟滞现象，上下限位器动作可靠，并调整灯具俯角

方位使之准确，检查各部位照度是否符合提供的数据要求。

⑥ 检查小区的照度是否满足设计文件或合同文件的规定。

步骤五：竣工验收

① 灯柱安装位置、灯柱地面以上高度、灯柱的竖直度是否符合设计规定。

② 灯柱、灯具、光源的技术规格、材质、防腐等是否符合技术规范或设计要求。

③ 检查灯柱（具）接地装置的安装是否符合设计规定。

④ 对照明设施做不少于50%的安装质量抽查，并做好记录。

⑤ 测量灯和灯柱的受电电压是否符合设计规定。

⑥ 检查照明区内路面照度是否符合设计要求。

步骤六：系统测试

为保证设备的任何部分和安装性能都符合规范要求，系统测试应连续进行不少于5昼夜，且操作无失误。如果出现失误或不满意操作，应进行校正并重新测试，直至达到要求为止。

【知识链接】

一、供电基本知识

景观供电的电源基本上都取自地区电网，只有少数距离城市较远的风景区才可能利用自然山水条件自发电。在电源方面需要了解以下几个问题。

1. 电源种类

电源一般分为交流电源与直流电源两大类。电压、电流的大小和方向随着时间变化而做周期性改变的电源是交流电源。景观设施和游艺机械等的用电，都是交流电源。在交流电供电方式中，一般都提供三相交流电源。

2. 电压与电功率

电压是电路中两点之间的电势（电位）差，用V（伏）表示。电功率是指电所具有的做功的能力，用W（瓦）表示。景观设施直接使用的电源电压主要是220V和380V，属于低压供电系统的电压，其最远输送距离为350m，最大输送功率为175kW。中压线路的电压为1～10kV（千伏）；10kV输电线路的最大送电距离为10km，最大送电功率为5000kW。高压线路的电压在10000kV以上，最大送电距离为50km，最大送电功率为10000kW。

3. 三相四线制供电

从电厂的三相发电机送出的三相交流电源：采用三根火线和一根地线（中性线）组成一条电路，这种供电方式称为三相四线制供电。目前，我国生产、配送的都是三相交流电。在三相四线制供电系统中，可以得到两种不同的电压：线电压、相电压。两种电压的大小不一样，线电压是相电压的1.73倍。单相220V的相电压一般用于照明线路的单相负荷，三相380V的线电压则多用于动力线路的三相负荷。三相四线制供电的好处是：不管各相负荷为多少，其电压都是220V，各相的电器都可以正常使用。当然，如各相的负荷比较平衡，则更有利于减少地线的电流和线路的电耗。景观设施的基本供电方式都是三相四线制的。

4. 用电负荷

连接在供电线路上的用电设备在某一时刻实际取用的功率总和就是该线路的负荷，如电灯、电动机、水泵等。不同设备的用电量不一样，其负荷就有大小的不同。负荷的大小即用电量，一般用度数来表示，1 度电就是 1kW・h。在三相四线制供电系统中，只用两条电线工作的电器设备如电灯，其电源是单相交流电源，其负荷称为单相负荷；凡是应用三根电源火线或四线全用的设备，其电源是三相交流电源，其负荷也相应属于三相负荷。无论单相负荷还是三相负荷，接入电源而能正常工作的条件，都是电源电压达到其额定数值。电压过低或过高，用电设备都不能正常工作。根据用电负荷性质（重要性和安全性）的不同，国家将负荷等级分为三级。其中，一级负荷是必须确保不能断电的，如果中断供电就会造成人身伤亡或造成重大的政治、经济损失，这种负荷必须有两个独立的电源供应系统。二级负荷是要保证一般不断电的，若断电就会造成公共秩序混乱或较大的政治、经济损失。三级负荷对供电没有特殊要求，没有一、二级负荷的断电后果。

二、布置配电线路

一般大中型公园都要安装自己的配电变压器，做到独立供电。但一些小公园、小游园的用电量比较少，常常直接借用附近街区原有变压器提供电源。电源取用点确定以后，要根据景观用电性质和环境情况，来决定采用某一种配电线路布置方式来布置线路系统。配电线路方式可采用链式、环式、放射式、树干式和混合式中的任何一种，主要应根据用电性质、用电量和投资资金情况来选定。

布置配电线路时，景观中游乐机械或喷泉等动力用电与一般的照明用电最好能分开单独提供，其三相电路的负荷都要尽量保持平衡。此外，在单相负荷中，每一单相用电都要分别设开关，严禁一闸多用。支线上的分线路不要太多，每根支线上的插座、灯头数量的总和最好不超过 25 个。每根支线上的工作电流，一般为 6～10A 或 10～30A。支线最好走直线，要满足线路最短的要求。

从变压器引出的供电主干线，在进入主配电箱之前要设空气开关和保险，有的还要设一个总电表。在从主配电箱引出的支干线上也要设空气开关和保险，以控制整个主干线的电路。从分配电箱引出的支线在进入电器设备之前应安装漏电保护开关，保证用电安全。

三、景观灯具选择

要从景观效果的整体考虑来选择灯具，要将选用的灯具纳入环境中，使灯具的选择配置与总体布局及环境质量密切关联，最终达到环境整体性的统一，给人强烈的空间感染力。其可选择的灯具种类也较多，主要有高杆灯、庭院灯、草坪灯、泛光灯、埋地灯等。

1. 高杆灯

国际照明委员会认为高度在 18m 以上时为高杆照明，而高杆灯主要在大型广场照明中使用［图 2-7(a)］。根据杆体的形式分为固定式（初期投资少，维护成本高）、升降式

（初期投资较高，维护方便，总体成本低）和倾倒式（初期投资高，只可用于有足够倾倒空间的场合）。一般情况下采用的是升降式高杆灯照明，其光源采用的是400W及以上的高效型高压钠灯或金属卤化物灯。在布置灯具时首先考虑功能，在满足功能的前提下再满足美观要求。高杆灯灯具的款式有蘑菇形、球形、荷花形等，布置形式有伸臂式、框架式及单排照明等，其结构紧凑，整体刚性好，组装维护和更换灯泡方便，配光合理，眩光控制好，照明范围高达30000m^2。

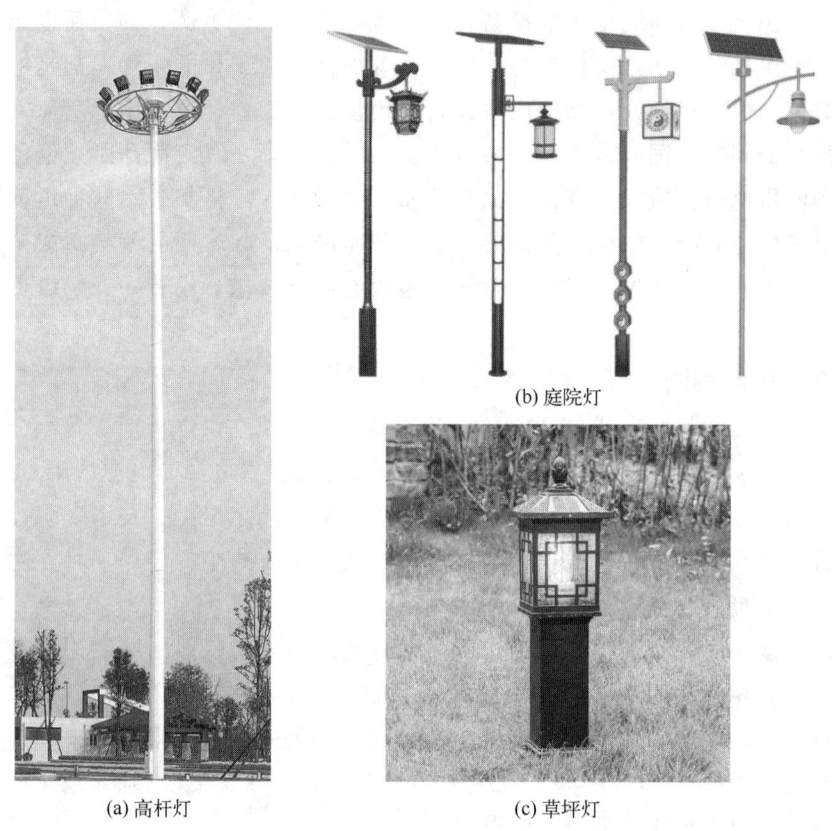

(a) 高杆灯

(b) 庭院灯

(c) 草坪灯

图 2-7　各类景观灯

2. 庭院灯

庭院灯一般放置在公园、街心花园、小区、学校等地方，在起到照明作用的同时要达到烘托景观的效果［图 2-7(b)］。庭院灯的样式很多，如古典式、简洁式等，有的安装在草坪中，有的依公园道路、树林曲折随弯设置，能达到一定的艺术效果和美感。庭院灯可用的光源也有较多种类，如节能灯、金属卤化物灯、低压钠灯及LED（发光二极管）灯等，其高度一般为3～4m。

3. 草坪灯

草坪灯主要用于公园、广场、小区、学校及其周边的饰景照明，营造夜间景色的气氛［图 2-7(c)］。它由亮度对比来表现光的协调，而不是照度值本身，最好利用明暗对比显示出深远来。有些采用聚乙烯材料制作的仿石及各种类型的草坪灯特别适合用于广场休闲游乐场所、绿化带等地方。草坪灯采用的光源一般是节能灯。

4. 泛光灯

泛光灯用于大面积照明，常用于广场的雕塑、周边建筑等地方的照明（图 2-8）。泛光灯适应能力强，同时具备良好的密封性能，可防止水分凝结于内部，经久耐用，其光源一般采用金属卤化物灯或高压钠灯。

5. 埋地灯

埋地灯可用于广场及广场道路的铺装、雕塑及树木等照明，其造型比较多，有向上发光的，有向四周发光的，也有只向两边发光的，可用于不同的地方（图 2-9）。

埋地灯由于埋设在地底，维修起来比较麻烦，因此要求密封效果特别好，也要避免水分凝结于内。其光源一般采用的是金属卤化物灯及 LED 灯。防护等级可达 IP67 [防护等级 IP 标准，也称为国际防护等级标准（International Protection Rating），是国际上广泛应用的标准，用于评估电子设备的防尘和防水性能。该标准由国际电工委员会制定，编码为 IP，后跟两个数字。第一个数字表示防尘等级，第二个数字表示防水等级]。

图 2-8　泛光灯

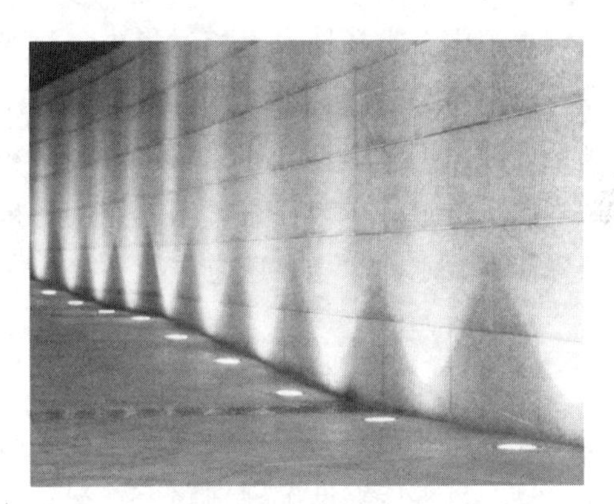

图 2-9　埋地灯

6. 水下灯

水下灯主要用于水池及各种喷泉等的景观照明，突出水景在晚上的景观效果。其以压力水密封型设计，最大浸深可达水下 10m。除了有防水功能外，水下灯也要避免水分凝结于内部，并且要耐腐蚀等，确保可靠、耐用。其光源主要采用 LED 灯，要求有防漏电功能。

7. 壁灯

壁灯是安装在各种墙壁及台阶上的灯具，其光源一般采用节能灯（图 2-10）。

8. 装饰造型灯

装饰造型灯的种类多样，一般有电子礼花灯及各种造型的灯光雕塑，如年年有余、龙腾等。它可采用各种光源，如金属卤化物灯、LED 灯等（图 2-11）。

四、景观灯光造景的形式

景观的夜间形象主要是在现有景观的基础上，利用夜间照明和灯光造景来塑造的。景观灯光造景主要有以下形式。

图 2-10　壁灯

图 2-11　装饰造形灯

1. 场地照明

景观中各类场地人流相对集中，灯光的设置要考虑人的活动特征。在场地周围选择发光效率高的高杆直射光源可以使场地内光线充足，便于人的活动。若广场范围较大，场地内部又不希望有灯杆的阻碍，则可根据照明的要求和所设计的灯光艺术特色，布置适当数量的地灯作为补充。场地照明一般依据工作照明或安全照明的要求来设置，在有特殊活动要求的广场上还应布置一些聚光灯之类的光源，以便在举行活动时使用。

2. 道路照明

景观道路类型较多，不同的园路对于灯光的要求也并不尽相同。对于景观中车行的主干道和次要道路，需要根据安全照明要求，使用具有一定亮度且均匀的连续照明，以使车辆及行人能够准确判别路上情况；而对于游憩步道，除了需要照亮路面外，还希望营造出一种幽静、祥和的氛围，因而用环境照明的手法使其融入柔和的光线之中。采用低杆园灯的道路照明应避免直射灯光耀眼，通常可用带有遮光罩的灯具，将视平线以上的光线予以遮挡，或使用乳白灯罩，使之转化为散射光源。

3. 景观建筑照明

景观建筑一般在景观中具有主导地位，为使景观建筑优美的造型能在夜晚呈现，过去主要采用聚光灯和探照灯，如今已普遍使用泛光照明。为了突出和显示其特殊的外形轮廓，而弱化本身的细节，通常以霓虹灯或成串的白炽灯安设于建筑的棱边，构成建筑轮廓灯，也可以用经过精确调整光线的轮廓投光灯，将需要表现的形体仅仅用光勾勒出轮廓，使其保持在暗色中，并与后面背景分开，这对于烘托气氛具有显著的效果。

4. 植物照明

景观灯光透过花木的枝叶会投射出斑驳的光影，使用隐于树丛中的低照明灯可以将阴影和被照亮的花木组合在一起。特定的区域因强光的照射变得绚烂与华丽，而阴影之下又常常带有神秘的气氛。利用不同的灯光组合可以强调园中植物的质感或神秘感。灯具被安置在树枝之间，将光线投射到园路和花坛之上形成类似明月照射下的斑驳光影，突出光影的变化。

5. 水景照明

夜色之中通过灯光照亮湖泊、水池、喷泉，则将让人体验到另一种感受。大型的喷泉使用红色、橘黄色、蓝色和绿色的光线进行投射，会产生欢快的气氛；小型水池采用更为自然的光色则可使人感到亲切；使用蓝光滤光器校正，将水映射成蔚蓝色，则给人以清爽、明快的感觉。水景照明的灯具位置需要慎重考虑，位于水面以上的灯具应将光源甚至整个灯具隐于花丛中或池岸、建筑的一侧，也就是要将光源背对着游人，以避免眩光刺眼。跌水、瀑布中的灯具可安装在水流下方，这不仅能隐藏灯具，而且可以照亮潺潺流水，使之变得十分生动。

除了上述几种照明之外，还有像水池、喷泉水下设置的彩色投光灯、射向水幕的激光束、园内的广告灯箱等。此类灯具与其说还保留一部分照明功能，还不如说更多的是对夜景的点缀。大量新颖灯具的不断涌现，不仅会使今后的园灯有了更多的选择，它们所装点的夜景也会更加绚丽。

【拓展训练】

① 庭院照明灯具类型有哪些？

② 庭院中管道穿线应该注意什么问题？

③ 照明工程验收时主要把握哪几方面？

④ 灯具安装时应该注意哪些环节？

扩展阅读

中国景观照明发展历程

景观灯是现代城市景观的重要组成部分，它不仅能够美化城市环境，而且能够提升城市的形象和品质。随着城市化进程的加速和人们对生活品质的追求，景观灯的需求和品质也在不断提升。下面是中国景观灯的发展历程。

1. 起步阶段（20 世纪 80～90 年代）

中国景观灯的发展始于 20 世纪 80 年代，当时城市化进程刚刚起步，景观灯作为城市美化的一部分开始受到关注。这个时期的景观灯设计比较简单，主要以装饰性为主，功能比较单一，品种也比较少。

2. 发展阶段

进入 21 世纪后，中国经济发展进入了快车道，城市化进程加速，景观灯行业也迎来了快速发展的机遇。这个时期的景观灯在设计、品种、品质等方面都有了很大的提升，开始注重灯光效果和艺术性，为城市夜景增添了不少亮点。同时，景观灯的功能也逐渐多样化，除了装饰外，还具有照明、文化展示等功能。

3. 成熟阶段

随着人们生活品质的提高和对城市环境要求的提升，景观灯行业也逐渐走向成熟。这个时期的景观灯在设计、制造、安装等方面都更加专业化、精细化，品质和效果也更加出色。同时，景观灯的功能也更加丰富和多样化，成为城市环境的重要组成部分。

总之，中国景观灯的发展历程经历了起步、发展和成熟三个阶段，现在已经成为城市环境的重要组成部分。未来，随着城市化进程的加速和人们对生活品质的追求，景观灯行业将继续不断创新和发展。

项目三

硬质铺装施工

知识要求

① 了解园路及广场铺装的结构。

② 知道园路及广场工程的施工放样原理。

③ 了解地面铺设施工工序并掌握操作工艺。

④ 了解面层材料的品种、规格，掌握不同铺装面层施工处理方法。

技能要求

① 能读懂施工图，并按照施工图要求进行施工放样。

② 能合理制定园路施工方案。

③ 能独立铺设地面基层。

④ 会处理不同面层的施工工艺。

素质要求

① 培养学生根据园路施工挑选材料的耐心及铺面层的认真态度，要求施工中仔细检查放样的质量。

② 培养团队协作意识和能力。

③ 培养良好的文明施工习惯。

④ 培养学生施工放样时的细心态度和安全意识。

【项目学习引言】

人类运用硬质的天然或人工材料，经过相应的施工环节铺设到地面上，以满足特定的使用需求和装饰需求，这就是铺装。铺装在人类社会生活环境中可以说无处不在，在一定程度上，铺装的材料和施工水平甚至能够反映人类社会的文明发展水平和科技发展水平。

在环境景观施工中，铺装作为一个重要的构成要素，其表现形式受到总体设计的影响，根据环境的不同，铺装表现出的风格各异，从而造就了变化丰富、形式多样的效果。多样式的铺装，不仅能为人们提供交通、休息、开展娱乐活动等实用功能，而且具有很强的艺术性和观赏性，是环境艺术设计重要的组成部分，当然也是施工活动中的重点和难点。

常见的铺装对象有园路、广场、休息平台、硬质景观等。在A小区设计中，铺装的园路有花岗岩园路、混凝土砌块园路；广场铺装有花岗岩铺装、混凝土预制块铺装、防腐木铺装等。由于铺装的种类不同，因此在学习中既要熟悉施工图、掌握所用材料，又要结合场地现有情况做好施工前的准备，包括材料准备、场地放线、复核等。

园路施工

园路在景观中的作用就像血管在人体中的作用，它是贯穿各个景区和景点的纽带。园路工程施工就是在景观中确定园路布局及进行园路结构面层施工的过程。园路的施工是景观总体施工的一个重要组成部分。园路工程的重点在于控制好施工面的高程，并注意与景观其他设施在高程上相协调。施工中，园路路基和路面基层的处理只要达到设计要求的牢固性及稳定性即可，而路面面层的施工，则要求更加精细，更加强调质量和艺术效果。

【工作流程】

施工图分析→施工材料准备→园路施工放样→施工放样复核→地基基层施工→垫层施工→混凝土基层施工→侧石（路缘石）的安装→园路面层施工。

【操作步骤】

步骤一：施工图分析

在施工前应熟悉施工图，准确理解设计意图，通过对施工图的分析首先知道园路的线形走向、铺装要求、大样做法等，同时在施工图上也可以知道园路铺装的材料及铺装尺寸、样式的要求（图3-1）。尤其在铺装施工中，铺装材料的准备工作任务比较多，因此在确定方案时应根据铺装的实际尺寸进行图上放样，这都要求施工人员对施工图非常了解。

A小区内修建的园路主要有花岗岩板材路和水泥砖路，其区别主要是在面层材料的使用上，在基础以及基层、垫层施工方面，两者的流程和做法一致。

步骤二：施工材料准备

通过对A小区园路施工图的分析，可以了解到主要的施工材料以及数量，并需要做出材料用量清单，如花岗岩、石板、防腐木、条石、毛石砌块等。对于花岗岩板材这样

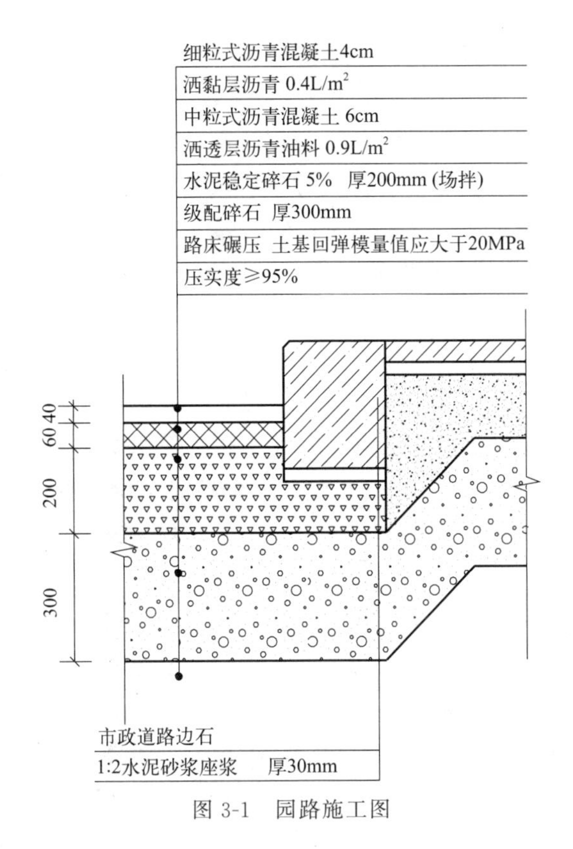

图 3-1　园路施工图

需要预先加工的材料，还需要进行材料尺寸、用量的设计，按照施工图做出尺寸标注和编号，以保证合理使用和利用材料。

为了达到较好的景观效果，A 小区在园路铺装样式上使用了多种材料，对于不同材料的施工有不同的施工方法，所使用的施工机具也不同，因此按照园路设计及铺装要求，提前准备施工机具，做出施工机具使用清单，并于施工前准备妥当。

步骤三：园路施工放样

园路施工放样常使用中心点放线的方法，即根据施工图对所有的中心控制桩进行测量、核实，并放出园路中心线。由于 A 小区规模不大，园路路线不长，因此按园路的中心线，在地面上每隔 1m 放一个中线桩即可，并且在弯道曲线的曲头、曲中、曲尾各放一个中线桩，在中线桩上写明桩号，再以中线桩为准，根据园路的宽度和场地的范围定边桩，最后放出路面和场地的平面线。放设中心线时可以根据园路的长短以及线形的不同，放置不同距离的中线桩。在中心线测设完毕后，应使用石灰画出中心线位置，按照设计园路的宽度分别向两侧等距增加，测设出边线的位置，并用桩点标示清楚。同时在基槽开挖时，应分别向外扩大 30cm，以便于施工操作和侧石的安放。

步骤四：施工放样复核

施工放样复核的要求见项目一中的土方放样相关部分。

步骤五：地基基层施工

1. 挖方

根据测放出的高程，使用挖土机械挖除路基面以上的土方，一部分土方经检测合格后用于填方，余土运到指定的弃土场。

2. 填筑

路基基层填筑材料利用路基开挖出的土、石等。在A小区施工时使用碎石作为填筑材料，在使用前应先做抗压试验，并将试验报告及其施工方案交监理工程师，获得批准后方可使用。其中路基采用水平分层填筑，最大层厚不超过30cm，水平方向逐层向上填筑，并形成2%～4%的横坡以便于排水。

3. 碾压

使用夯实机对碎石垫层进行碾压时，应做到无漏压、无死角并保证碾压均匀。碾压时，先压边缘后压中间，先轻压后重压。填土层在碾压前应先平整，并做2%～4%的横坡。当遇到建（构）筑物附件无法使用时，可选择人工夯实或手扶式打夯机夯实。

A小区施工作业面较小，当无法使用碾压机械时，可以使用蛙式手扶打夯机夯土2～3遍。铺装槽平整度的允许偏差不得大于2cm。当园路涉及高差变化或者微地形变化时，要结合场地现状适当造型，力争达到最佳效果。

步骤六：垫层施工

垫层是指基层或底基层与路基之间的结构层次，主要起扩散荷载应力和改善路基水稳状况的作用，以保证面层和基层的强度、刚度及稳定性不受土基状况变化而造成不良的影响。常使用的垫层有灰土垫层、砂垫层、碎石垫层和素混凝土垫层（图3-2）。对于一些横穿道路的管线，如电、水管线等，需要在此阶段提前预埋。

图3-2　碎石垫层施工

对于A小区，选用了砂石垫层，其选材如下。

① 天然级配砂石，其最大粒径≤32mm；级配砂石材料，不得含有草根、垃圾等有机杂物。

② 中砂、粗砂。

③ 碎石，其最大粒径≤25mm，并在管道下60°三角区回填粗砂。

④ 宜采用质地坚硬的中砂、粗砂、碎（卵）石、石屑。在缺少中、粗砂的地区，可采用细砂，但同时掺入一定数量的碎石或卵石，要求颗粒级配良好。

施工工艺流程：

处理地基表面→检验砂石质量→分层铺筑砂石→洒水→夯实或碾压→找平、验收。

步骤七：混凝土基层施工

为保证混凝土搅拌质量，混凝土工程应遵循以下原则。

① 测定现场砂、石含水率，根据设计配合比，送有关单位做好混凝土级配，并按级配挂牌示意。

② 每天搅拌第一拌混凝土时，水泥用量应相对增倍。

③ 平板振捣器应振动均匀，以提高混凝土的密实度。

④ 严格控制砂石料的含泥量，选用良好的骨料。砂选用粗砂，砂含泥量小于3%，石子不超过10%。

⑤ 减少环境温度差，提高混凝土抗压强度。浇筑后应覆盖一层草包以防气温变化的影响。12h后浇水养护，混凝土养护时间不小于7天。

⑥ 结合层一般用1∶3的水泥砂浆摊铺而成，也可用3～5cm粗砂均匀摊铺而成。砂浆摊铺宽度应大于铺装面5～10cm。已拌好的砂浆应当日用完。

⑦ 对于基础条件较差、人流量较大和有运输要求的园路，其混凝土基层可加设拉结钢筋网以提高强度。

混凝土基层施工如图3-3所示。

图3-3 混凝土基层施工

步骤八：侧石（路缘石）的安装

在混凝土垫层上安置侧石，应先检查轴线标高是否符合设计要求，并校对。圆弧处可采用20～40cm长度的侧石拼接，以利于圆弧的顺滑。应严格控制侧石顶面的标高，接缝处留缝均匀；外侧细石混凝土浇筑应紧密牢固；嵌缝清晰，侧角均匀、美观。

侧石基础宜与地床同时填挖碾压，以保证有均匀的整体密实性。侧石安装要平稳牢固，其背后应用灰土夯实。

步骤九：园路面层施工

A 小区园路面层材料有松木桩和花岗岩板材。花岗岩板材即通常所说的片材面层。片材面层指的是厚度为 5～20mm 的装饰性铺装材料，常用的有花岗岩、大理石、釉面砖和陶瓷广场砖等。花岗岩材料的优点是耐磨、美观、高端大气，在室外铺装中使用比较广泛；缺点是造价相对较高。大理石材料美观华丽，但是耐磨性略差且怕酸性腐蚀，一般多用于室内装饰。

A 小区园路使用了较多的片材贴面铺装，如大理石、碎石、路面砖等，这类面材的铺装一般都使用水泥砂浆作为结合层，将面材粘接在整体现浇的水泥混凝土基层之上。在水泥混凝土基层上铺设的结合层，其作用为找平和结合面层。水泥砂浆的厚度一般为 5cm，也可根据片材的厚度不同适当调整。水泥砂浆一般选用 1∶2 或 1∶2.5 的粗砂砂浆。用片材贴面装饰的路面，最好设置路牙，以便路边更加整齐和规范。

本工程施工工艺流程是施工准备、砂浆摊铺、路面砖铺贴、整形、灌缝。

① 清理基层：将混凝土层表面的积灰及杂物等清理干净，如局部凹凸不平，应将凸处凿平，凹处补平。

② 找平、弹线：按照设计图纸标高控制点确定标高及平面轴线。每个 5m×5m 方格开始铺砌前，先根据位置和高程在四角各铺一块基准石材，在此基础上在南北两侧各铺一条基准石材。经测量检查，高程与位置无误后，再进行大面积铺砌（图 3-4）。

图 3-4　找平、弹线

③ 试拼和试排：铺设前对每一块石材，按方位、角度进行试拼。试拼后按两个方向编号排列，然后按编号排放整齐。检验板块之间的缝隙，核对板块位置与设计图纸是否相符合。在正式铺装前，要进行一次试排。

④ 砂浆（厚度 100mm 的板材砂浆层厚度为 30mm，厚度 30mm、50mm 的板材砂浆层厚度为 20mm）：按水平线定出砂浆虚铺厚度（经试验确定）并拉好十字线，即可铺筑砂浆。用 1∶3 干硬性水泥砂浆，铺好后刮大杠、拍实、用抹子找平，其厚度适当高出水

平线 2～3mm。

⑤ 花岗岩铺贴：铺贴前预先将花岗岩除尘，浸湿并阴干后备用。在板块试铺时，放在铺贴位置上的板块对好纵横缝后用预制锤轻轻敲击板块中间，使砂浆振密实，锤到铺贴高度。板块试铺合格后，翻开板块，检查砂浆结合层是否平整、密实。

⑥ 增补砂浆：在水泥砂浆层上浇一层水灰比为 0.5 左右的素水泥浆，然后将板块轻轻地对准原位放下，用橡胶锤轻击放于板块上的木垫板使板平实，根据水平线用水平尺找平，接着向两侧和后退方向顺序铺砌；铺砌时随时检查，如发现有空隙，应将板材掀起，用砂浆补实后再进行铺砌。

⑦ 灌缝（图 3-5）、擦缝：铺砌完后，用白水泥和颜料制成与板材色调相近的 1∶1 稀水泥浆，装入小嘴浆壶，徐徐灌入板块之间的缝隙内，流在缝边的浆液用牛角刮刀喂入缝内，至基本饱满为止，缝宽为 2mm；1～2h 后，再用棉纱团蘸浆擦缝至平实光滑。黏附在石面上的浆液随手用湿纱团擦净。覆盖养护：灌浆擦缝完 24h 后，应用土工布或干净的细砂覆盖，喷水养护不少于 7 天。

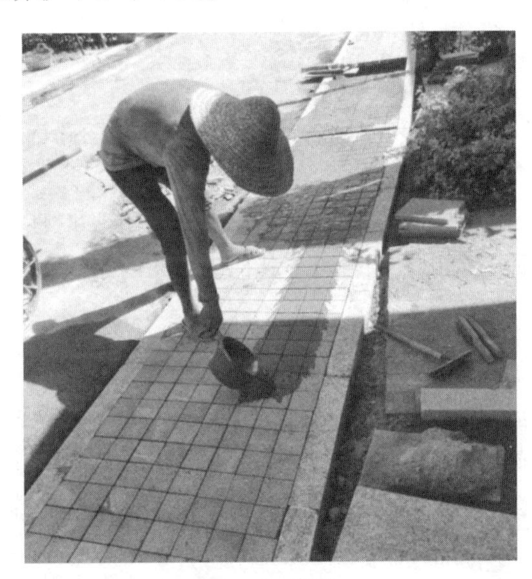

图 3-5　灌缝

【知识链接】

一、园路的组成

1. 园路的基本类型

园路一般有三种类型：一是路堑型；二是路堤型；三是特殊型（图 3-6）。

特殊型包括步石、汀步、蹬道、攀梯等。

2. 园路的分类

根据划分方法不同，园路可以有许多不同的分类。按使用材料的不同，将路面（园路）分为：

① 整体路面，包括水泥混凝土路面和沥青混凝土路面；

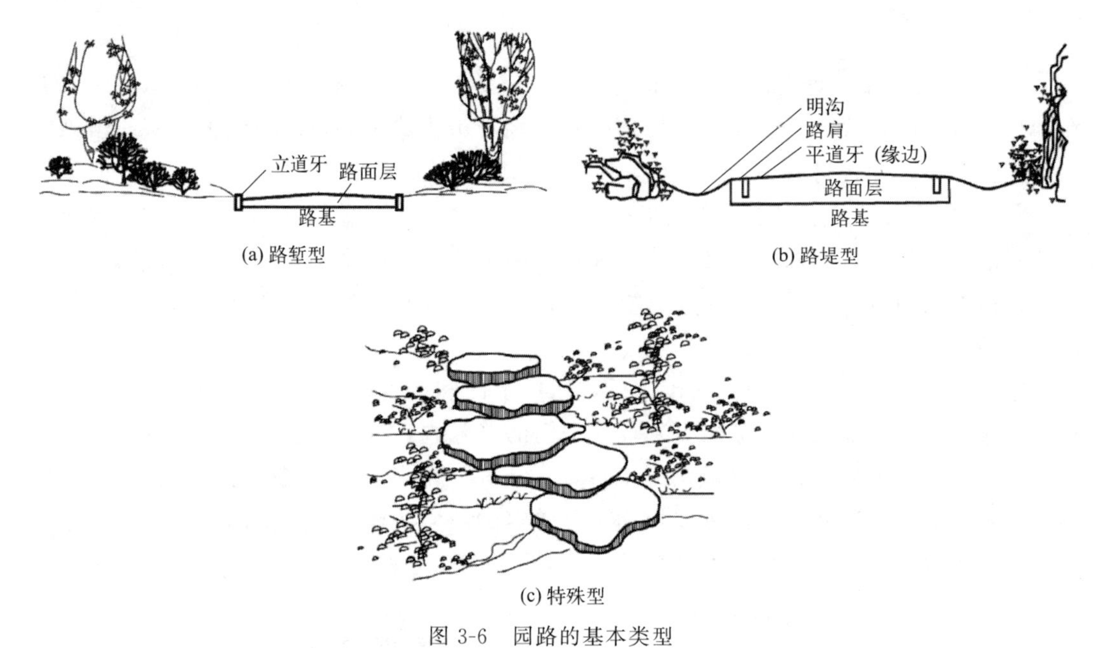

(a) 路堑型

(b) 路堤型

(c) 特殊型

图 3-6　园路的基本类型

② 块料路面，包括各种天然块石和各种预制块料铺装的路面；

③ 碎料路面，用各种碎石、瓦片、卵石等组成的路面；

④ 简易路面，由煤屑、三合土等组成的路面，多用于临时性或过渡性园路。

其中沥青混凝土路面主要用于车行道，其他类型在园路中有着极其广泛的应用。

二、常见园路面层材料

园路的面层直接接触外部环境，承受压力、磨损以及外界多种因素的破坏，同时也是人们行走和视觉所及的部分，因此必须具备一定的强度、耐磨、平稳、美观、易清扫、不易打滑等特性。园路面层的铺设方式和材料种类很多，主要有沥青混凝土铺装、水泥混凝土铺装、花岗岩板铺装、青石板铺装、碎大理石冰裂铺装、烧结砖铺装、砾石铺装、卵石铺装、小青砖铺装、卵石混乱花纹图案铺装、木材铺装、陶瓷材料铺装以及丙烯树脂、环氧树脂等高分子材料铺装等。沥青、水泥和高分子材料主要作为黏合料与骨材集料、颜料等一起使用，其物理性能受掺入的骨材及所添加颜料的影响；石材、木材及陶瓷材料更多的是制成条块状使用。下面列举整体路面、块料路面、步石（汀步）、木材路面、金属路面、合成树脂路面等所用的材料与工艺要求。

1. 整体路面

① 沥青路面。沥青路面包括沥青混凝土路面、透水性沥青路面、彩色沥青路面，面层厚度 3～5cm，主要用于广场、停车场、行车道、园路主路等。

② 水泥路面。水泥路面包括水泥混凝土路面、仿石混凝土预制板路面、混凝土平板瓷砖路面，主要用于广场、停车场、行车道、园路主路或支路等。

水泥混凝土路面通常采用 C20 混凝土，厚度为 12～16cm，每隔 10m 应横向切割一道伸缩缝，以避免路面发生不规则开裂。水泥混凝土路面装饰主要采用以下方式。

a. 普通水泥抹灰。用普通灰色水泥配成 1∶2 或 1∶2.5 的水泥砂浆，在混凝土面层浇筑后尚未硬化前进行抹面处理，抹面厚度为 1～1.5cm。

b. 彩色水磨石路面。用彩色水泥石子浆罩面，再经过磨光处理后制成装饰性路面。按照设计要求，在平整后粗糙或已基本硬化的混凝土路面面层上弹线分隔，用玻璃条、铝合金条（或铜条）做分隔条，然后在路面上刷一道素水泥浆，再用 1∶(1.2～1.5) 的彩色水泥细石子浆铺面，厚度为 0.8～1.5cm。铺好后拍平，表面用滚筒压实，待出浆后用抹子抹面，最后进行磨光处理。此种形式在环保方面有所欠缺，应用并不是很广泛。

2. 块料路面

① 片材贴面铺装。包括石片铺装、碎石片铺装、塑胶砖铺装、水洗石铺装等。

② 板材贴面铺装。包括大理石板铺装、花岗岩板铺装、青石板铺装等。

③ 块材贴面铺装。包括烧结砖铺装、釉面砖铺装、陶瓷广场砖铺装、透水性花砖铺装、预制混凝土砖铺装、水泥彩砖铺装等。各种砖材的表面比较粗糙，有一定的吸水功能，不反光，不打滑，不易褪色，能抵御风雨，防火阻燃，实用性强。

④ 砌块嵌草铺装。一是在块料铺装时，在块料之间留出空隙，在其间种草，如冰裂纹嵌草路面、人字纹嵌草路面、空心砖纹嵌草路面等；二是制作成可嵌草的各种式样的混凝土铺装空心砖（植草砖），在空隙内填土植草，这是一种景观视觉效果和力学性能都较好的边缘性铺装产品。

⑤ 镶嵌拼花铺装。采用不同颜色、不同大小、不同长扁形状的砾石、卵石、小青瓦等拼花铺装，景观效果很好。

⑥ 卵石铺装。卵石的粒径差异很大，用于园路铺装的卵石，其大小通常为 5～15cm，可以挑选大小相近的卵石整齐铺装，也可以用不同大小的卵石混合铺装。

⑦ 雨花石铺装。雨花石的粒径通常为 3～6cm，卵圆形，颜色有黑色、褐色、灰色、白色等，可选用单色、混合色或拼花组图应用。雨花石结合层处理，除了用普通的水泥外，还可用加有着色剂的水泥，以使雨花石的格调更加特殊。

⑧ 砾石铺装。砾石是自然的铺装材料，在现代景观中应用广泛，一般用于连接各个构景物，或者连接规则的整形植物。由砾石铺成的小路不仅稳固、坚实，而且具有较强的透水性，即使下雨或被水淋湿也不会打滑。现在有些地方使用染色砾石，如亮黄色、深紫色、鲜橙色、艳粉色等，这些鲜亮的颜色令人振奋，具有强烈的视觉冲击力。

3. 步石（汀步）

步石（汀步）的材质大致可分为自然石、加工石、人造石以及木材、竹材等，规格大小一般为 30～60cm，厚度在 6cm 以上。自然石的选择应以平圆形或角形的石材为佳。加工时依照加工程度的不同，有保留自然外观而略做修整的石块，也有经机械切片而成的石板等。人工石是指水泥砖、混凝土制块或平板等，通常形状工整一致，外表可仿木、竹质感，也称仿木小品。无论采用何种材质，最基本的要求是：面要平坦、不滑，不易磨损或断裂，一组步石的石板在形色上要类似且调和，不可差距太大。

4. 木材路面

优点是天然美观，贴近自然。缺点也很明显，即易于腐化。用于木质铺装路面的木材，需要防腐处理的，应尽量选择对环境无污染的防腐剂。同时此种形式在湿度大、气候变化剧烈、雨雪天气多的区域不是太适合，木材腐化速度会比较快，景观效果持续时间短。

5. 金属路面

金属路面整体性好，牢固度高，使用寿命长，且坚固结实，对地基要求不高，施工方便。目前主要采用铝合金材料，常制成网格状铺作园路。这种路面，视觉效果好，且不积水，不打滑。

6. 合成树脂路面

目前应用于室外道路的合成树脂路面主要有现浇环氧沥青路面、弹性橡胶路面、人工草皮路面等。

三、常见基层类型

基层在路基之上，它一方面承受由面层传下来的荷载，另一方面把荷载传给路基，因此要有一定的强度，常用小规格碎（砾）石、灰土或各种矿物废渣等筑成。下面介绍干结碎石、天然级配砂砾、石灰土、煤渣石灰土、二灰土等基层。

1. 干结碎石基层

干结碎石基层是指在施工过程中不洒水或少洒水，依靠充分压实或用嵌缝料充分嵌挤，使石料间紧密锁结所形成的具有一定强度的结构，厚度通常为 8～16cm，适用于园路中的主路等。

材料规格要求：石料强度不低于 8 级，软硬不同的石料不宜掺用；碎石最大粒径视厚度而定，通常不宜超过厚度的 70%，0.5～20mm 粒料占 10%～20%，50mm 以上的大粒料占 60%～70%，其余为中等粒料。在选料时应将不同规格大致分开，分层使用。长条、扁片的含量不宜超过 20%，否则要就地打碎作为嵌缝料使用。结构内部空隙要尽量填充粗砂、石灰土等材料，其数量为 20%～30%。

2. 天然级配砂砾基层

天然级配砂砾基层是用天然的低塑性砂料，经摊铺找平、喷洒适当水分、重力碾压整形所形成的基层结构，具有一定的密实度和强度。它的厚度一般为 10～20cm，若厚度超过 20cm，则需分层铺筑。天然级配砂砾基层适用于景观中的各级路面，特别是有荷载要求的嵌草路面，如草坪停车场等。

材料规格要求：砂砾要求颗粒坚韧，粒径大于 20mm 的粗集料含量应占 40%以上，其中最大粒径不可大于基层厚度的 70%；即使基层厚度大于 15cm，砂石最大粒径一般也不能大于 10cm；粒径 5mm 以下颗粒的含量应小于 35%，塑性指数不大于 7。

3. 石灰土基层

石灰土基层是一种由粉碎土与适量石灰混合后，依照特定技术规范水平拌和、压实而成的道路结构层。这种材料具有高机械强度以及良好的水稳定性、抗冻能力和整体性，且后期强度亦颇为显著，适用于多种路面基层建设。为保证理想的压实度，石灰土基层需用不低于12t的压路机或其他压实设备进行碾压。其每层压实厚度应为8～20cm，超过20cm时则需分层施工。

材料规格要求如下。

① 石灰质量应符合标准。要尽量缩短石灰存放时间，最好在出厂后3个月内使用，否则就需采取封土等有效措施。石灰剂量的大小可根据结构层所在位置要求的强度、土质水稳定性、冰冻稳定性、石灰质量、气候及水文条件等因素，并参照已有经验而确定。

② 一般露天水源和地下水源都可用于石灰土施工。如对水质有疑问，应事先进行试验，经鉴定后方可使用。

③ 石灰土混合料的最佳含水量和最大密实度（即最大干容重），是随土质及石灰剂量的不同而变化的。最大密度随着石灰剂量的增加而减少，最佳含水量则随着石灰剂量的增加而增加。

4. 煤渣石灰土基层

煤渣石灰土，亦称二渣土，是一种基层结构材料，由煤渣、石灰（或电石渣、石灰下脚料）和土混合而成。此混合物在加水拌和、整形压实后形成高强度结构。它继承了石灰土的所有优点，并因含有粗粒料作骨架，其强度、稳定性、耐磨性、隔热防冻性和排水性均优于纯石灰土。煤渣石灰土早期强度高，适合雨季施工，特别适用于地下水位高或靠近湖泊的园路铺设。此材料对原料要求宽松，允许范围较大，压实厚度通常不低于10cm，不超过20cm，超过20cm时需分层铺设。

5. 二灰土基层

由石灰、粉煤灰和土依据特定比例混合而成，经过加水、拌匀后碾压形成的结构层，优于石灰土基层，特别在强度、板体性和水稳定性方面表现突出。在产粉煤灰地区，其推广具有显著价值。由于二灰土主要由细粒料构成，对水分较敏感，初期强度较低，在潮湿或寒冷条件下硬化速度减慢，因此在冬季或雨季施工较为困难。为确保达到适宜的压实度，二灰土基层每层的厚度应控制在8～20cm，超过20cm则需分层铺设。

6. 钢筋混凝土基层

采用钢筋混凝土浇筑基层，其牢固度高，但成本也高，主要用于地基土质比较松软的路段。具体的施工材料与方法：在夯实的地基上方铺设厚度5～8cm的砾石，在砾石上方铺设直径6～12mm的钢筋网，然后浇筑厚度10～15cm的水泥砂石混凝土。

四、基层和垫层的区别以及垫层的使用条件与一般规定

1. 基层和垫层的区别

（1）两者的位置不同

① 垫层的位置：设于基层以下的结构层。

② 基层的位置：设于面层以下的结构层。

（2）两者的作用不同

① 垫层的作用：其主要作用是隔水、排水、防冻以改善基层和土基的工作条件，其

水稳定性要求较高。

② 基层的作用：其设置的目的是防泥、防冰冻、减少路基顶面的压应力、缓和路基不均匀变形对面层的影响、防水、为面层施工提供方便、提高路面结构的承载能力和延长路面的使用寿命等。

2. 垫层的使用条件和一般规定

① 路基经常处于潮湿和过湿状态的路段，以及在季节性冰冻地区产生冰冻危害的路段应设垫层。

② 垫层材料有粒料和无机结合料稳定土两类。粒料包括天然砂砾、粗砂、炉渣等。垫层分刚性和柔性两类。刚性垫层一般由 C7.5～C10 的混凝土捣成，它适用于薄而大的整体面层和块状面层；柔性垫层一般由用各种散材料，如砂、炉渣、碎石、灰土等加以压实而成，它适用于较厚的块状面层。

③ 垫层厚度要按当地经验确定，在季节性冰冻地区路面总厚度小于防冻最小厚度时，应以垫层材料补足。

【拓展训练】

① 以图 3-7 为例，准备材料，在实训场所内模拟园路铺装的过程，要求熟读施工图，熟悉施工材料的性质，并做好记录，记录施工过程。

要求：

a. 同学分组进行，对比施工进度与施工质量，并做好施工记录。

b. 以 10m 为一个施工段，计算出材料用量，并编制施工材料计划表。

② 园路混凝土垫层施工时应注意的问题有哪些？

③ 湿铺法和干铺法的不同用途有哪些？

④ 试简述不同类型园路的特点和适用范围。

扩展阅读

丰富多彩的中国古代园路

中国对道路美观设计的研究与应用历史悠久。根据保存下来的文物资料，我国古典园林中的园路在结构和铺装纹样方面呈现丰富多样的特色，如“米字纹”“几何纹”和“太阳纹”等铺地砖。唐朝时期，佛教盛行，园路铺装以莲纹为主，同时，晚唐丝绸之路的繁荣也在园路中得以体现，如胡人引驼纹、胡人牵马纹等。这些精美的纹样不仅展现了精湛的工艺，更从侧面反映了唐代多民族商旅对外贸易的繁荣，将绚烂多彩的寓言故事和吉祥语言融入精美的地纹之中，绘制成一幅幅美丽的画卷。

中国古典园林的园路承载着五千年的历史文化底蕴，堪称中国的艺术珍宝。园路造园艺术以追求境界为最高目标，体现了一种精神追求，不仅具有装饰性，更是一种思想情感的流露。

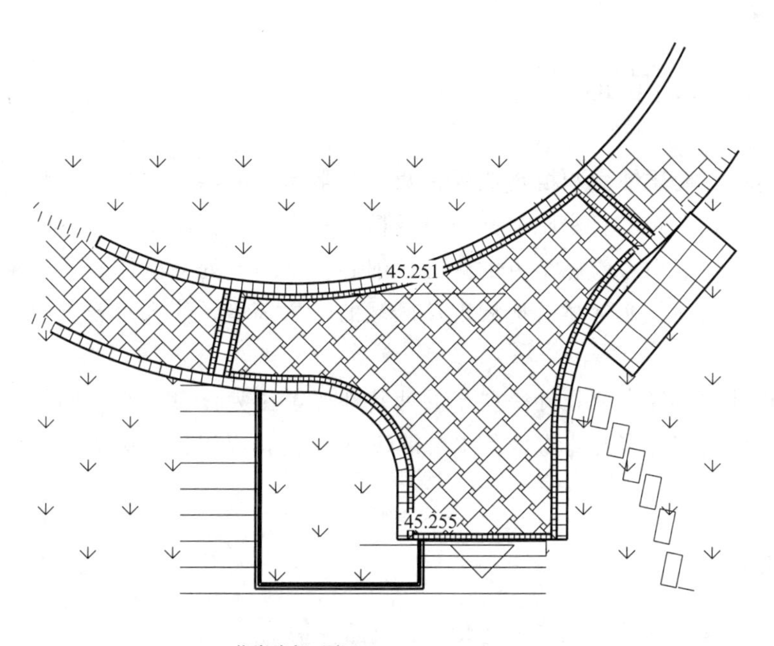

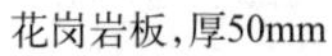

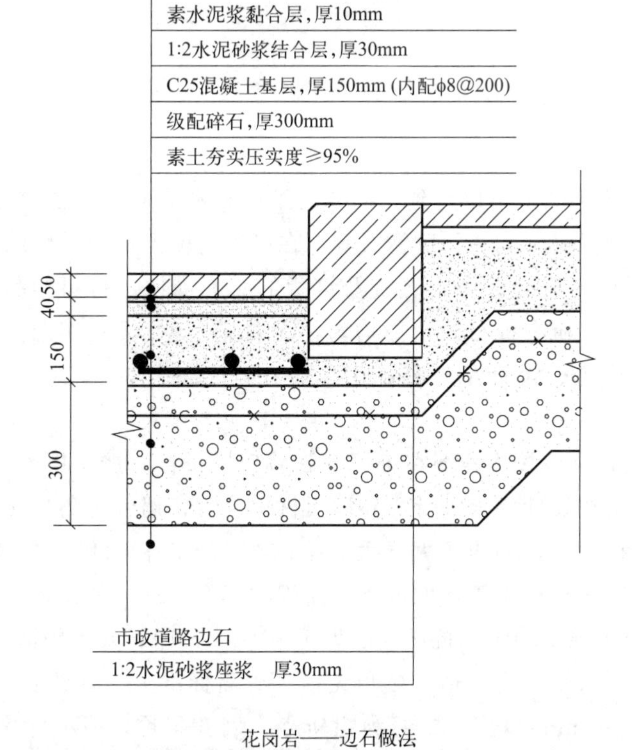

花岗岩——边石做法

图 3-7　铺装施工图示例

铺装工程施工

景观环境中，硬质铺装和植物造景是两个非常重要的部分。论及铺装，大到数万平方米的城市广场，小到咫尺庭院，都需要做精心的设计，更需要高质量的施工。铺装施工流程简单，但也极为考验施工方的耐心、细心，于细节处最能体现工匠精神。通常一个高质量的铺装场地能非常显著地展现该区域的优质环境，使人很容易感受到施工方的技术水平。

在铺装设计中，经常要设计一些小的铺装地面，作为休息、观景的休闲平台，在铺装样式设计上也是多种多样，本任务主要讲解A小区花岗岩铺装施工的一般流程和做法（图3-7）。

【工作流程】

铺装施工前准备→铺装施工→铺装施工成品保护。

【操作步骤】

步骤一：铺装施工前准备

1. 材料准备

从A小区铺装施工图上可以看到，铺装的基层材料有碎石、混凝土、毛石等，面层材料有花岗岩、预制混凝土砌块、黄锈石等。在施工前需要进行材料的准备。

① 在选购材料时，应充分考虑选货及订货的时间周期。材料的品种、色彩、质地、规格应符合设计要求；所有板材须色泽均匀，无明显杂色；$2m^2$以上大料由设计单位与甲方检查后确定。甲方、设计单位和施工单位在确定的样品上签字封样后，方可下达订单。

② 所有异型板材都应按大样图在工厂定制后现场拼接。严禁以直代曲，充分考虑加工时间，施工时严格按设计要求进行。异型板材拼接时，遇到边角拼接无法整合的情况，应根据现场尺寸进行裁切，如边角大样大于标准板1/2面积时则重新裁板，其他情况则加长标准板，切忌边角板材小于标准板1/2面积。

③ 石质材料要求强度均匀，抗压强度大于30MPa；卵石要求细滑、耐磨、光面、清洁。石质材料加工要求平、直、通、棱角无损。光面标准分为四级：一级为凿子光，要求凿痕均衡，深度在5mm以内；二级为粗斩光，剁齐匀称，凿痕深度在2.5mm以内；三级为细斩光，剁齐匀细，清除凿痕；四级为磨光，必须采用机器磨光的方式。

2. 场地放线（方格网放线法）

按照铺装设计图，绘制施工坐标方格网，确定铺装范围。将所有坐标点测设在场地上并打桩点，然后以桩点为准，根据铺装设计图在场地地面上放出场地边线、主要地面设施的范围线、挖方区与填方区之间的零点线。

3. 地形复核

对照铺装竖向设计图，复核场地地形。各坐标点、控制点的自然地坪标高数据，有缺漏的或不准确的要及时补漏。

步骤二：铺装施工

1. 垫层施工

平整场地，用蛙式打夯机夯实，浇筑150mm厚素混凝土基层。

2. 基层处理

检查基层的平整度和标高是否符合设计要求，偏差较大的事先凿平，并将基层清扫干净。

3. 找平、弹线

用1∶2.5的水泥砂浆找平，做水平灰饼，弹线、找中、找方。施工前一天洒水湿润基层。

4. 试拼、试排、编号

在铺设前对花岗岩板材进行试拼、对色、编号整理。

5. 铺设

弹线后先铺几条石材作为基础，起标筋作用。铺设的花岗岩事先洒水湿润，阴干后使用。在已经施工完毕的混凝土基层上均匀地刷一道素水泥浆，用1∶2.5的干硬性水泥砂浆做黏结层，根据试铺高度决定黏结厚度。用铝合金水平尺找平，铺设板块时四周同时下落，用橡胶锤敲实，并注意找平、找直。如有锤击空声，需揭板重新添加砂浆直至平实为止，最后揭板浇一层水胶比为0.5的素水泥浆，再放下板块，用橡胶锤轻轻敲击铺平（图3-8）。

图3-8　铺设细节

6. 擦缝

待铺设的板材干硬后，用与板材颜色相同的水泥浆填缝，表面用棉丝擦拭干净。

7. 养护、成品保护

擦拭完成之后，面层铺盖一层塑料薄膜，减少砂浆在硬化过程中的水分蒸发，以增强石板与砂浆的黏结强度，确保铺装的铺设质量。养护期为3～5d，养护期禁止上人上车，并在塑料薄膜上再覆盖硬纸垫，以保护成品。

8. 花岗岩铺装施工注意事项

① 在铺设前，应按设计要求，先中心后外缘、先内侧后外侧，根据板材的颜色、花纹、图案、纹理等试拼编号，力争用整板，如必须用非整板则应将其铺设在不显眼的位置。

② 板材应先用水浸湿，待擦干或表面晾干后方可使用。

③ 应从基准线处开始铺设石板（砖），第一行石板（砖）必须对准基准线，以后各行紧贴前行铺设。每块石板（砖）铺设时，基层都应湿润，并刷一道水泥浆掺胶做结合

层。然后在铺设处套浆，把干硬性水泥砂浆调和摊铺并刮平，将石板（砖）铺贴在水泥砂浆上。石板（砖）必须铺平铺实，如有不平不实，应用橡胶锤进行敲打。石板（砖）拼缝应尽量小，当设计无规定时，拼缝宽度不应大于1mm。边角处不够整板时，应根据边角形状及尺寸，事先将石板（砖）锯割，去掉不需要部分，再铺贴上去。边角处的石板（砖）应紧密贴合，不得有空隙，也不宜用碎块去拼凑。

④ 在实际操作时，干硬性水泥砂浆摊铺并刮平后，操作工双手对角握住板材靠身边一侧落地，然后平衡就位。用橡胶锤或木锤在石板（砖）中央2/3范围内敲击，严禁敲击石板（砖）四角。击实后的石板（砖）应略高于基准标高线，双手对握同时提起石板（砖）四角移至一旁。在已被击实的结合层上，均匀地浇一层纯水泥浆，接着将石板（砖）重新就位，再用锤轻轻敲击石板（砖）中部，边敲边用水平尺检查平整度。用钢直尺和手触摸检查石板拼缝两侧是否平整，检查石板是否与基准线对齐，如发现不符合要求的，应重新铺设。

⑤ 石板（砖）铺好后的第二天应开始适当进行湿润养护，养护期为5～7d。养护期内严禁上人走动、货物重压。

⑥ 在石板（砖）铺贴第三天后进行嵌缝。先用干抹布擦净板面，然后用橡胶刮板将水胶比为0.5的掺色（与板材同色）水泥浆刮入缝内，要填实刮满。待收水时，再用海绵抹子添浆抹实一遍，最后用过水海绵擦净。对于磨光的板材面，可用棉质布料擦净。

⑦ 各种地面施工时应根据相应的技术规范要求进行，每道工序施工完毕后由监理工程师检查，合格后方可进行下一工序的施工。

⑧ 各种地面施工时必须重视原材料质量。过期的、受潮的或者安全性差的水泥严禁使用。采用中粗砂为骨料，含泥量不大于3%。严格控制黏结砂浆的水胶比，并搅拌均匀。面层作业开始前，必须认真清理基层，对基础进行浇水湿润且确保不积水。对利用原有基础进行铺装施工的，必须彻底清除施工过程中的积淀物，尽量使面层结合层砂浆厚薄均匀，避免由于结合层厚度不一，造成凝结、硬化时收缩不均，进而导致裂缝、空鼓现象的产生。

步骤三：铺装施工成品保护

① 铺装石板、玻化砖和陶板等材料和半成品进现场后，经检验合格，在指定地点分规格码放整齐。使用时轻拿轻放，不可以乱扔乱堆，以免损坏棱角。

② 铺设石板（砖）面层时，操作人员要穿软底鞋，且不得在地面上敲砸，以防止损坏面层。在铺装操作过程中，对已安装好的管道管线要加以保护。

③ 切割石板（砖）时，不得在刚铺砌好的面层上操作。

④ 铺砌砂浆抗压强度达1.2MPa时，方可上人进行操作，但砂浆不得存放在板块上，铁管等硬器不得碰坏面层，并对铺好的面层进行覆盖保护。

【知识链接】

一、广场铺装材料的继承与发展

传统铺装材料是指中国古典园林中常用的材料，如天然石材、青砖等。这些古老而经典的材料在现代园林景观中依然焕发着生命力，并且它们的应用领域越来越广泛。例如，经过精心加工处理的花岗岩板材拥有多样的色彩和质感，能够为环境带来整洁和优雅的氛围。

随着时代的发展，新材料层出不穷，如陶瓷制品和混凝土制品。目前，在园路铺装中广泛应用的陶瓷制品包括麻面砖和劈离砖等。而近年来出现的陶瓷透水砖，由于其能够让雨水快速渗透到地下，补充地下水，因此在缺水地区有着广阔的应用前景。混凝土具有良好的可塑性和经济实用性等优点，因此备受使用者的喜爱。在装饰路面方面，彩色混凝土、压印混凝土、混凝土路面砖、彩色混凝土连锁砌块以及仿毛石砌块等都得到了广泛的运用。

二、常见铺装类型

1. 砂、碎石铺装（图 3-9）

① 施工方法。在平整的路基上直接铺设砂粒或碎石的简易施工方法。

② 色调。呈现所使用砂粒或碎石本身的颜色。根据材料可以有较鲜艳的色彩，也可以是较沉稳的色彩，还有各色石粒混合的砂粒。

③ 质感。砂粒或碎石的自然铺设，走起来很舒适。

④ 耐久性。定期补充砂粒或碎石，平整路基等。

图 3-9 砂、碎石铺装

图 3-10 砖铺装

2. 砖铺装（图 3-10）

① 施工方法。用细砂填缝。

② 色调。每块砖的颜色都有微妙的变化，呈现特有的烧制色调。

③ 质感。朴素的烧制肌理，细微变化的表面，具有自然厚重之感。不易打滑，接缝的线形也呈现图案状的组合。

④ 耐久性。有耐盐碱的能力，寒冷地区等也能使用。但是表面耐冲撞能力较差，较易出现边角缺损的现象。

⑤ 其他特征。长久使用的砖都具有各自不同的特征颜色与肌理。

3. 丙烯酸树脂铺装（图 3-11）

丙烯酸树脂是一种常用的建筑材料，广泛应用于建筑、装饰、涂料等领域。

① 施工前需要对施工现场进行清理和处理，确保施工环境干净、整洁、无尘、无油污等。然后，根据施工图纸和设计要求，确定施工面积和厚度，并进行预处理，如打磨、清洗、除尘等。

② 进行丙烯酸树脂的混合和调配。混合时需要按照一定比例将丙烯酸树脂、固化剂、填料等材料混合均匀，调配时需要根据施工面积和厚度进行计算，确保混合物的质量和数量。

③ 进行丙烯酸树脂的涂布。涂布时需要使用专用的涂布工具，如滚筒、刮板等，将混合物均匀涂布在施工面上，注意涂布的厚度和均匀性。涂布后需要进行充分的固化和干燥，时间一般在 24h 以上。

④ 进行丙烯酸树脂的表面处理。表面处理可以采用打磨、抛光、喷涂等方法，使其表面光滑、平整、美观。同时，还需要进行防水、防潮、防腐等处理，以保证其使用寿命和性能。

4. 连锁砌块铺装（图 3-12）

① 施工方法。相对较厚的一种混凝土砌块铺装材料，耐磨耐压。不同铺装砌块之间的组合能够达到很好的效果，可以组合多种图案。

② 色调。通过砌块色彩的变化可以表现出各种各样的色调。

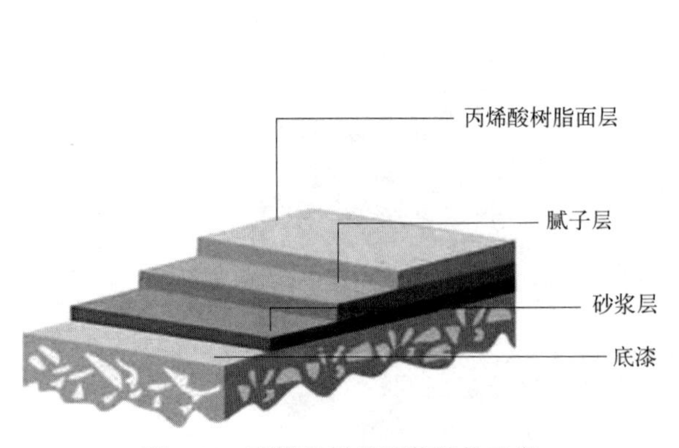

图 3-11 丙烯酸树脂铺装结构示意

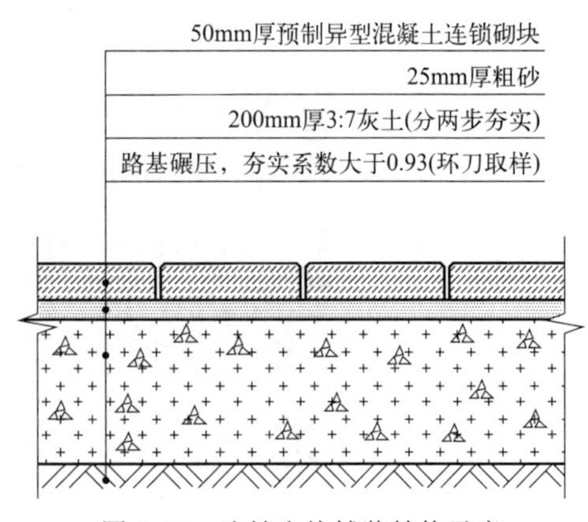

图 3-12 连锁砌块铺装结构示意

③ 质感。既有混凝土本身特有的质感，又有复杂的几何形图案组合。表面处理有水

刷石或水磨石型，接缝也有直拼型的。走路脚感偏硬。

④ 耐久性。车行道也可使用，具有较强的耐久性。

⑤ 其他特征。符合生态环保要求的具有透水性能的砌块应用广泛。

5. 人工草坪铺装（图 3-13）

① 施工方法。指在基层上铺设人工草坪的一种铺装。有时采用与基层粘接或在透水沥青上铺设人工草坪的透水性铺装等做法。

② 色调。以绿色系材料为多。

③ 质感。具有较好的粗糙度，同时脚感较为柔软。

④ 耐久性。耐久性一般，存在人工草脱落并由于静电吸附到人裤脚的情况。

⑤ 其他特征。一般多用在室外体育场所。

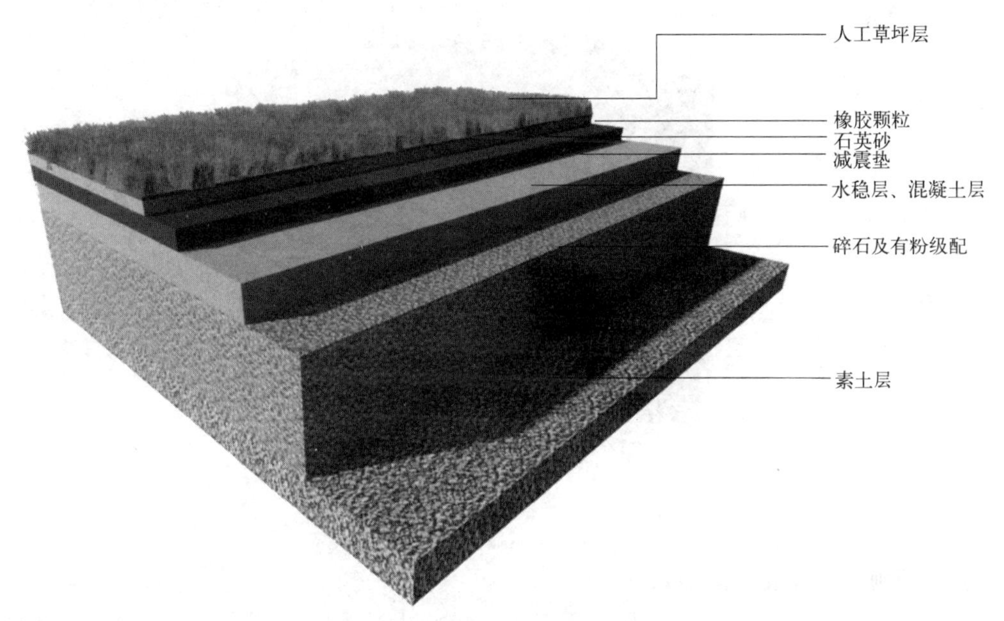

图 3-13　人工草坪铺装结构示意

6. 嵌草预制砖铺装

① 施工方法。将带有栽种植物空隙的预制砖通过砂石垫层或干灰土黏结层铺设在路基上的一种铺装，在预制砖的空隙中放入砂质种植土，提供草坪生长的条件。空隙设在预制砖成形制品上，并通过连续的排列使草坪成片。

② 色调。预制砖的材料有水泥（白色系）、烧制砖（茶色系、灰色系）等种类。生长在嵌草预制砖中的绿叶可以很好地减轻太阳光或白色系材料的反光，如果与茶色系或灰色系配在一起，会给人一种舒适、放松的感觉。

③ 质感。根据季节、生长状态或修剪程度等管理状况而发生变化，看上去有一种整齐而富有变化的感觉。视觉质感好，行走的脚感介于硬质铺装与草坪之间。

④ 耐久性。虽然这种预制砖铺装是按照透水性构造设计的，但是因为排水不良的原因，会影响其使用的耐久性。特别是施工工艺采用砂垫层时，因受力不均而引起排水不良导致铺装材料破裂损坏的情况时有发生。预制砖的损坏与踏压、干湿等原因有关，因

此施工后应注意保持良好的维护管理。

⑤ 其他特征。夏季可以缓和硬质铺装的反射光。

7. 透水混凝土铺装（图 3-14）

① 透水混凝土铺装的施工主要包括摊铺、成形、表面处理、接缝处理等工序。

② 表面处理。主要是为了提高表面观感，对已成形的透水混凝土表面进行修整或清洗；透水混凝土路面接缝的设置与普通混凝土基本相同，伸缩缝等距布设，间距不宜超过 6m。

③ 透水混凝土铺装拥有色彩优化配比方案，能够配合设计师的独特创意，实现不同环境和个性所要求的装饰风格，这是一般透水砖很难实现的。

④ 耐久性。与混凝土铺装相同，耐久性较强。

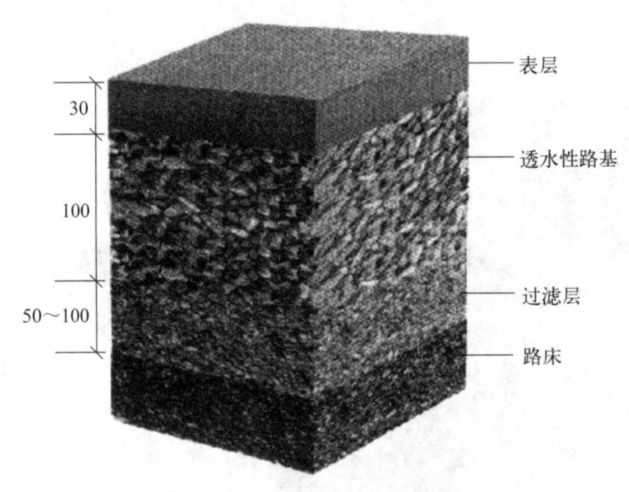

图 3-14 透水混凝土铺装结构示意

8. 不规则石板铺装（图 3-15）

① 施工方法。以混凝土为基层，用石灰砂浆粘贴不规整石板的铺装工艺。石板的材质多种多样。

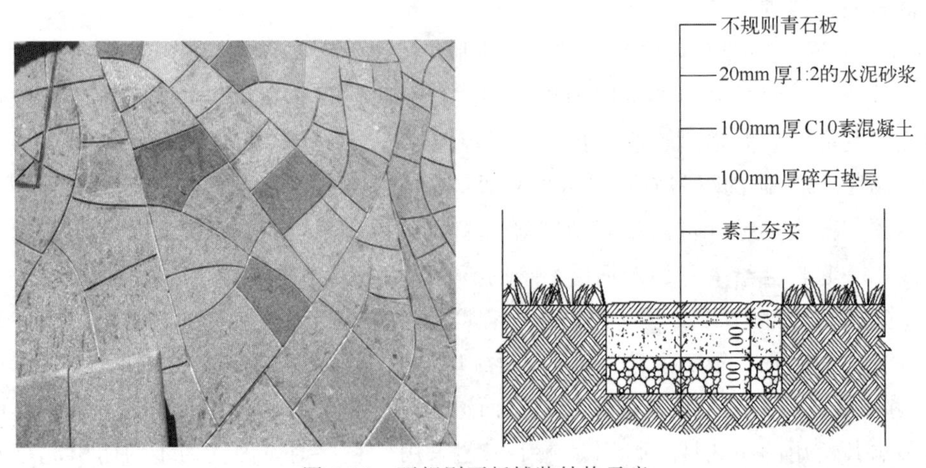

图 3-15 不规则石板铺装结构示意

② 色调。比单一的石材有更多的选择余地。同时可以利用不同色调的石板进行配色组合。

③ 质感。根据石板的材质与表面加工程度的不同，石板的质感可以从凹凸细微变化的表面到较为平滑的表面进行自由选择。脚感偏硬。

④ 耐久性。耐久性较强，如果用厚 2～3cm 的石板，有时会发生部分剥落的现象。

⑤ 其他特征。石板路面层的质量与下面基层、垫层的质量有关。很多石板路损坏，根本问题不在面层，而是由于基层质量不达标。

9. 镶拼地面铺装

① 施工方法。以混凝土为基层，用石灰砂浆粘贴小砾石、卵石、陶瓦片等组合成图案的一种地面铺装。

② 色调。根据不同的材料，可以自由选择材料的色彩及配色。

③ 质感。根据材质与设计的图案，可以自由选择细微凹凸变化的做法，同时可以选择平滑有光泽的石材铺装。

④ 耐久性。作为步行道的铺装，耐久性强，但是也会出现部分石材因长时间使用而局部剥落的现象。

⑤ 其他特征。中国古典园林中比较常用。

另有诸如水刷石铺装、水磨石铺装等诸多较为传统的铺装形式，由于对水资源有一定浪费，目前应用越来越少。

【拓展训练】

① 选择平坦的实训场地，将施工图上花岗岩石板铺装位置放设到地面，并对花岗岩石材进行编号。放线完毕后写出施工报告，说明施工过程及工艺。

② 简述花岗岩铺装铺设面层时的工序。

扩展阅读

步步生莲的中华铺地艺术

花街铺地是一种园林地面铺装工艺，它采用瓦片、各色卵石、碎石、碎瓷片等材料，巧妙地拼合成各种装饰图案，呈现出独特的园林景观。其内容可分为四类：瑞草、祥兽、器物、图形符号。

瑞草：此处所称“草”泛指植物。我国古人认为万物有灵，植物也不例外。《山海经》中记载了各种仙草灵木，许多花草树木被视为祥瑞植物。

祥兽：例如能产籽无数、子嗣成群的鱼；又例如文化演进中的精神寄托，如象征归隐之心的野鹤。无论真实或虚构，祥禽瑞兽均化为载体，成为我国传统文化的一部分。

器物：花街铺地中包含诸多器物，有的寓意求财，有的象征求道，有的则展现了对雅致的追求。

图形符号：在我国古代，几何图形已经广泛应用于生产和生活中，同时也被应用于园林花街铺地。

历经千年，花街铺地的绚丽景观得以传承。源远流长，美轮美奂的花街铺地展现了中国园林文化的辉煌篇章。

任务三 台阶施工

台阶，一般是指用砖、石、混凝土等筑成的一级一级供人上下的构筑物，多在大门前或坡道上。台阶是解决地形变化、地坪高差的重要手段。台阶被广泛地运用于堤岸、边坡、桥梁、地形变化等工程设计中，不再仅仅是一种简单功能上的满足，也被赋予不同的形态，来表达不同的景观概念。台阶虽然常见，但是其施工技术并不简单，高质量的台阶施工同样有很多规范和讲究。

本任务以A小区台阶施工为案例，阐述台阶施工的步骤以及施工技术要点和需要注意的问题。在A小区内，对地形的利用较多，存在高程变化，因此在入口楼梯处、休息平台、铺装等连接的地方都设置了台阶，其施工流程也大同小异。

【工作流程】

台阶施工前准备→台阶施工→台阶施工成品保护。

【操作步骤】

步骤一：台阶施工前准备

1. 材料准备

在制作台阶时，有许多不同的材料可供选择。其中，石材是常见的选择，包括自然石材（如六方石、圆石、鹅卵石）以及经过整形切割的石材和石板等。木材也是一种常用的材料，可以使用杉木、桧木等角材或圆木桩来制作。此外，还有其他材料可供选择，如红砖、水泥砖和钢铁等。另外，还有各种贴面材料可用于台阶，如石板、陶砖等。在选择材料时，需要考虑多个方面，其中基本条件是材料要坚固耐用、能够耐受湿气和阳光的暴晒。此外，材料的色彩也需要与周围的建筑物相协调。

A小区在台阶设计上采用了多种施工材料，包括花岗石、条石、混凝土砌块和防腐木等。不同的部位使用不同的材料搭配。为了确保材料的准确使用，在施工前，应根据施工图和材料计划表的要求，提前将所需材料搬运到施工现场，并进行分类贮存。这样做可以保证施工的准确性和高效性。

2. 场地清理

台阶施工部位一般都有较大的高程变化，同时在这些部位经常会汇集建筑垃圾，或者存在不利于施工的地形，因此在施工前需要对施工部位进行清理，整理出施工作业面。

3. 场地放线

根据施工图上标示的场地台阶位置，需要在场地上进行台阶的定位线测设。通常情况下，可以以建筑物或景观小品为基准，确定台阶的竖向位置，即高程定位。

步骤二：台阶施工

在台阶施工过程中要严格按照设计图的要求进行施工。台阶的标准构造是：踢面高度为8～15cm，长的台阶多为10～12cm；台阶的踏面宽度不小于28cm；台阶的级数宜为8～11级，最多不超过19级，否则就要在此中间设置休息平台，平台宽不宜小于1m。使用实践表明，台阶尺寸以15cm×35cm为佳，至少不应小于12cm×30cm。

1. 基础施工

确定好台阶的施工位置后，先要对地基基础进行处理。台阶一般施工体量较大，地基处理不当容易产生沉降，尤其在松软的回填土区域，因此在施工前需要对基础进行处理，同时也是为了给台阶施工提供作业平台（图3-16）。

图3-16 台阶基础施工

地基处理的一般做法是：将松软泥土挖空，回填碎石、灰土等，采用人力、机械方式夯实，对于强度要求较高的可以铺设钢筋网以增强基础强度，之后浇筑100～120mm厚的C20混凝土垫层。此环节操作并不困难，常常不被重视，但是恰恰是这一环节对台阶施工的质量具有举足轻重的影响。如果想让台阶施工后使用效果好、使用时间长，一定要做好这个步骤。

2. 主体砌筑施工

常用的台阶有现浇混凝土踏步台阶、砌筑机制标准砖台阶和水泥砂浆砌筑台阶。A小区楼前台阶是用现浇混凝土砌筑而成的（图 3-17）。

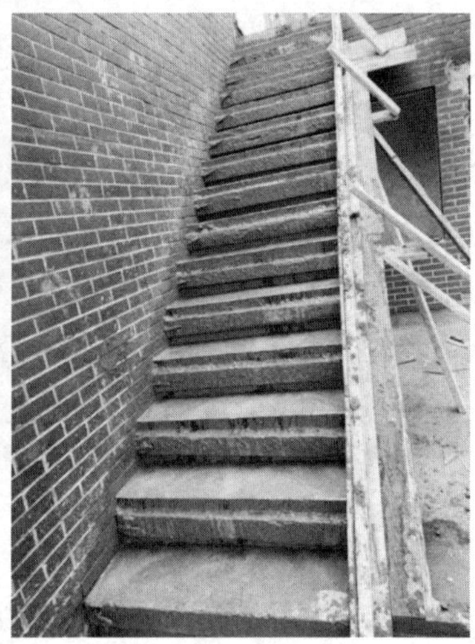

图 3-17　现浇混凝土砌筑台阶

在台阶施工过程中，需要注意以下几点。

① 如果踢板高在 15cm 以下、踏板宽在 35cm 以上，则台阶宽度应为 90cm 以上，踢进为 3cm 以下。

② 踏面需要进行防滑处理。

③ 为便于上、下台阶，在台阶两侧或中间应设置扶栏，扶栏标准高度为 80cm。

④ 台阶附近应保证一定的照明度。

3. 台阶表面装饰施工

在完成主体砌筑施工之后，对台阶面层进行装饰施工，按照施工图要求的面层材料，粘贴已经准备好的花岗岩板材。需要注意的是：在安装前需要对台阶重新进行测量放样，保证预制板材能够和台阶基础尺寸一致。

步骤三：台阶施工成品保护

台阶施工完成之后，对接缝处要进行处理。对于花岗岩板材缝隙，选择颜色相同或相近的砂浆进行勾缝处理，并将缝隙清洗干净。防腐木与石材的接缝处可以使用砂浆处理，也可以选用适合室外使用的黏结胶。

对于施工完的成品，需要进行保护，对于现浇混凝土台阶，需要覆盖塑料薄膜防水、保温。对成品要设置保护提示标志，防止提前上人踩踏。

【知识链接】

在园路工程中，还包括道牙、排水沟、雨水井、种植池等附属工程。

1. 道牙

道牙基础宜与地基同时挖填碾压，以保证有整体的均匀密实度。道牙结合层用 1∶3 的石灰砂浆，一般为 2cm 厚。安装道牙要平稳牢固，然后用 M10 水泥砂浆勾缝。道牙背后要用灰土夯实，其宽度为 50cm，厚度为 15cm，密实度要求 90%以上。

常用道牙材料有：花岗岩条石、青石条石、普通石材条石、预制条状混凝土块、烧结普通砖、水泥砖、小青砖、小青瓦以及石桩、木桩、竹桩等。

2. 排水沟

有些园路采用明沟排水。排水沟通常布设于园路一侧或两边，可采用盘形剖面或平底剖面，并可采用多种材料，如现浇混凝土、预制混凝土、花岗岩、卵石及各种砖块。

3. 雨水井

有些道路没有采用明沟排水，故而雨水井成为道路排水的重要设施。雨水井常排布于道路的中央或两侧，间隔距离视道路实际情况而定，一般为 10～20m。雨水井的形状，布设于道路中间的常为圆形，布设于园路两侧的主要为正方形和长方形。雨水井基础采用混凝土浇筑或砖砌。雨水井盖常用铸铁、塑钢、铝合金、预制钢筋混凝土、花岗岩板材等，在各种材料井盖的中央或四周设有排水孔。

4. 种植池

在有些园路的中间或两边布设种植池，在池内种植乔木（夏日能为行人遮阳庇荫）或种植花灌木，以丰富景观效果。种植池一般设计成圆形、正方形、六角形、八角形等，内径 80～120cm。种植池周围材料常用花岗岩、青石、卵石、预制水泥块、各种砖材以及圆木桩等。

【拓展训练】

① 查阅红砖台阶结构案例，选择空旷的合适场地，挑选红砖，尝试砌筑红砖台阶。

② 在训练场所条件允许的情况下，尝试砌筑混凝土异型台阶，并总结施工方案。

扩展阅读

脚下台阶的大学问

谈及台阶或楼梯，这是现代社会赋予它们的名称。然而在古代，它们的名称则显得更为尊贵，被誉为“踏跺”。在宋代，此类建筑元素亦被称为“踏道”。

目前可见的踏跺主要有以下几种。

首先，最为常见的踏跺广泛应用于宫殿、园林和民居建筑中。尽管其等级较低，但名称却十分优雅，称为“如意踏跺”。此类踏跺的特点在于，其两侧无任何条石护栏，三面均可上下，简洁且大气。

其次，如意踏跺两侧各加入一个小斜坡后，形态发生改变，此时称为“垂带踏跺”。若将三个垂带踏跺连为一体，则称为“连三踏跺”。

再者，一种等级较高的踏跺，因其常用于宫殿，尤其是皇家宫殿和寺院，故被称为“踏跺之王”。故宫太和殿前便采用此类踏跺，其名称为“御路踏跺”。

最后，还有一种随意性较强的踏跺，常见于园林之中。它由几块小石头随意堆叠而成，形成小台阶，远观犹如一朵朵小云，因此被称为“云步踏跺”。

项目四

假山施工

知识要求

① 了解假山石材的种类和特征。
② 掌握天然假山施工前的准备工作，掌握天然假山结构施工要点。
③ 了解塑山施工的工艺流程与技术要点，重点掌握塑石假山结构施工。

技能要求

① 能根据假山施工图挑选假山材料。
② 能熟练完成天然假山基础的施工技术并掌握天然假山的堆叠技术。
③ 能用塑石工艺进行假山施工。

素质要求

① 提高学生假山施工中的安全意识。
② 培养学生对假山的审美素质。
③ 培养学生在施工中对假山造型进行改良的应变能力。

【项目学习引言】

假山工程的施工与其他工程相比，最大的特点在于对于艺术审美要求很高，其施工过程常伴随再创造的活动。本项目的重点是介绍天然假山和塑石假山等工作任务的施工技术。

假山施工是一项具有明显再创造特点的工程活动，它需要进行二次设计和二次创造。在假山施工中，一方面需要根据设计图进行定点放线，以确保控制假山各部分的立面形象和尺寸关系；另一方面，需要根据所选用材料的特点，在细节选型和技术处理上进行创造及发展。塑石假山施工是A小区使用的假山类型，通过这个项目，可以了解其操作过程和施工工艺特点。

天然假山施工

天然假山施工是需要施工者具有一定审美能力和艺术创造能力的工程活动。施工者在从事假山、石景的创作与施工活动中，必须了解和掌握各种类型假山石景的基本特点及景观应用要求。只有在熟悉其设计形式和作用特点的基础上，掌握具体的设计方法和施工技巧，才能真正做好天然假山的施工工作。

【工作流程】

施工准备工作→天然假山结构施工→山石的吊运→山体的堆叠→山体的加固与做缝→验收合格

【操作步骤】

步骤一：施工准备工作

1. 制订施工计划

施工计划是保证工程质量的前提，主要包括以下内容。

（1）读图

熟读图纸是完成施工的前提，但由于假山工程的特殊性，它的设计很难完全到位。一般只能表现山形的大体轮廓和主要剖面。为了更好地指导施工，设计者大多同时做出模型。又由于石头的形状不规则而不易掌握，因此，必须全面了解设计内容和设计者的意图。

（2）察地

施工前必须反复详细地勘察现场，其主要内容如下。

① 看土质、地下水位，了解基地土允许的承载力，以保证山体稳定。

② 看地形、地势、场地大小、交通条件、给排水的情况及植被分布等，以决定采用的施工方法，如施工机具的选择、石料堆放及场地安排等。

（3）相石

对已有山石的种类、形状、色彩、纹理、大小等进行观察，以便根据山体不同部位的造型需要，做到心中有数，统筹安排。

从一般掇山所用的材料来看，假山的石材可以概括为如表 4-1 所示的几大类。

表 4-1 假山石材的种类

山石种类		产地	特征	景观用途
湖石	太湖石	江苏太湖	质坚石脆，纹理纵横，脉络显隐，沟、缝、穴、洞遍布，色彩较多，为石中精品	掇山、特置
	房山石	北京房山	石灰暗，新石红黄，日久变黑色；质韧，也有太湖石的一些特征	掇山、特置

续表

山石种类		产地	特征	景观用途
湖石	英石	广东英德市	质坚石脆，淡青灰色，叩之有声	岭南一带掇山及几案石
	灵璧石	安徽灵璧县	滑如凝脂，石面坳坎变化，石形千变万化	山石小品，盆景石
	宣石	安徽南部宣城 宁国一带山区	有积雪般的外貌	散置、群置
黄石		产地较多，江苏的常熟、常州、苏州等地皆产	体形奇特，见棱见角，节理面近乎垂直；雄浑，沉实	掇山、置石
千层石		江苏、浙江、安徽一带	多呈片状，有交叉互织的斜纹理	掇山、筑岸
石笋	白果笋	产地较多	外形修长，形如竹笋	常作独立小景
	乌炭笋			
	慧剑			
	钟乳石			
其他类型		各地	随石类不同而不同	叠山、置石

2. 劳动组织

假山工程是一门造景技艺工程。我国传统的叠山艺人大多有较高的艺术修养，他们有丰富的施工经验，对自然界山水的风貌也有很深的认识。一般由他们担任师傅，组成专门的假山工程队。另外还有石工、起重工、泥工、壮工等，人数不多，一般以 8～10 人为宜。工程队成员多为一专多能，能相互支持，密切配合。

3. 施工材料与工具准备

（1）假山辅助材料

堆叠假山所用的辅助材料，是指在叠山过程中需要消耗的一些结构性材料，如水泥、石灰、砂石及少量颜料等。

① 水泥。在假山工程中，水泥需要与砂石混合，配成水泥砂浆和混凝土后再使用。

② 石灰。在古代，假山的胶结材料以石灰浆为主，再加进糯米浆使其黏合性能更强。而现代的假山工艺中已改用水泥作胶结材料，石灰则一般是以灰粉形式和素土一起，按 3∶7 的配合比配制成灰土，作为假山的基础材料。

③ 砂石。在配制假山胶结材料时，应尽量用粗砂。用粗砂配制的水泥砂浆与山石质地更接近一些，有利于削弱人工胶合的痕迹。假山混凝土基础和混凝土填充料中所用的石材，主要是直径为 2～7cm 的小卵石和砾石。假山工程对这些石料的质量没有特别的要求，只要石面无泥即可，但用表面光滑的卵石所配制的混凝土的和易性较好。

（2）假山施工工具

① 机械工具。包括起重机、单臂吊运机等。

a. 起重机。在大型假山工程中，为了增强假山的整体感，常常需要吊装一些巨石，在有条件的情况下，需配备一台起重机。如果不能保证有一台起重机在施工现场随时待用，也应做好用车计划，在需要吊装巨石的时候临时性地租用起重机（图 4-1）。

b. 单臂吊运机。由一根主杆和一根臂杆组合而成的可做大幅度旋转的吊装设备（图 4-2）。一般可以在吊运小型山石时使用。

图 4-1 起重机吊运山石

图 4-2 单臂吊运机

② 手工工具与材料。常见的假山与叠石手工工具如图 4-3 所示。

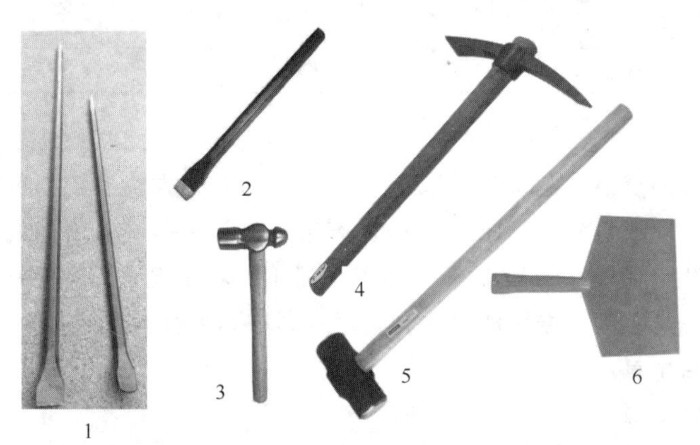

图 4-3 常见的假山与叠石手工工具

1—大钢钎；2—錾子；3—铁锤；4—琢镐；5—大铁锤；6—灰板

a. 琢镐（小山子）和铁锤。琢镐是一种丁字形的小铁镐，一端是尖头，可用来凿击需整形的山石；另一端是扁的刃口，如斧口状，可砍、劈加工山石；其中间有方孔，装有木制镐把。铁锤主要用于敲打修整石形。最常用的铁锤是单手锤，应当多准备几把。另外还要准备一个长把大铁锤，用来敲打大石。

b. 钢钎和錾子。将直径 30～40mm、长度 1～1.4m 钢筋的下端加工成尖头状，即为大钢钎。大钢钎主要用来撬大石、插洞及做其他工作，一般应准备 2～5 根。錾子也用粗钢筋制作，实际上就是小钢钎，在山石上开槽打洞以及撬动山石进行位置微调时都要用到。錾子一般要准备 4～8 根，每根长 300～500mm，直径 16～20mm，下端做成尖头。

c. 钢丝钳与断线钳。在用镀锌钢丝捆扎山石时，要用钢丝钳剪断和扭扎镀锌钢丝。在假山完工时，要用断线钳剪除露在山石外面的镀锌钢丝。

d. 竹刷和砖刀。在用水泥砂浆黏结山石之前，需要将山石表面的泥土刷洗干净，竹刷是洗石所必需的工具。竹刷还用于山石拼叠时水泥缝的扫刷。在水泥未完全凝固前扫刷缝口，可以使缝口干净些，形状更接近石面的纹理。砖刀在砌筑山石中用于挑取水泥砂浆，或用来撬动山石进行位置上的微调。

e. 小抹子和镀锌钢丝。小抹子是山石拼叠缝口抹缝的专用工具。镀锌钢丝主要用于施工中捆扎固定山石，特别是悬垂在高位的山石。一般需要准备 8 号与 10 号两种规格的镀锌钢丝，并根据假山工程量大小来确定镀锌钢丝的准备量。假山完工时，应将露在石面的镀锌钢丝全剪除掉。

f. 钢筋夹和支撑棍。两者均用于临时性支撑、固定山石，以方便拼接、叠砌假山石，并有利于做缝。待混凝土凝固后或山石稳固后，要拆除各类支撑物。

g. 粗麻绳、脚手架与跳板。用粗麻绳捆绑山石进行抬运或吊装，能够防滑，易打结扣，也很结实。绳子上打的结扣既要结紧，又要容易松开，还要不易滑动。吊起的山石越重，则绳扣越抽越紧。随着假山砌筑高度的增加，施工会越来越困难，达到一定高度时，就要搭设脚手架和跳板才能继续施工。此外，做较大型的拱券式山洞时，也必须要有脚手架和跳板辅助操作。

除了以上所述常用的工具和材料以外，一般还要准备一些其他工具或材料。例如，用来铲土砂以调制水泥砂浆或混凝土的灰铲，装小石和垫石的箩筐，装砂运土的簸箕，抬山石的木杠，以及灰桶、铁勺、水管、锄头、铁镐、扫帚、木尺、卷尺、工作手套等。

4. 场地安排

① 保证施工工地有足够的作业面，施工地面不得堆放石料及其他物品。

② 选好石料摆放地，一般在作业面附近。石料依施工用石的先后，有序地排列放置，并将每块石头最具特色的一面朝上，以便施工时认取。石块间应有必要的通道，以便搬运，尽可能避免小搬运。

③ 交通路线安排。施工期间，山石搬运频繁，必须组织好最佳的运输路线，并保证路面平整。

④ 保证水、电供应。

⑤ 做好工期及工程进度安排。

步骤二：天然假山结构施工

1. 基础

假山与建筑同样需要坚固耐用的基础支撑。这个基础位于地下或水下，它承担着假山的重量和压力，将其传递到地基上。在假山工程中，根据地基土壤特性、山体结构以及承载压力的大小，选择不同类型的基础：独立基础、条形基础、整体基础或圈式基础。基础的质量对假山至关重要，若基础不稳固，可能导致山体裂缝、倾斜乃至坍塌，威胁到游客的安全。因此，确保基础的安全可靠性至关重要。下面对常见的基础类型做简要介绍。

（1）灰土基础

① 放线。清除地面杂物后便可放线。一般根据设计图通过方格网进行控制，或目测放线，并用白灰画出轮廓线。

② 刨槽。根据设计要求，槽深一般为 50～60cm。

③ 拌料。灰土比例为 1∶3，泼灰时注意控制水量。

④ 铺料。一般铺料厚度 30cm，夯实厚度 20cm，基础打平后应距地面 20cm。通常当假山高 2m 以上时，做一步灰土，以后假山每增高 1m，基础增加一步灰土。

（2）铺石基础

常用的有两种，即打石钉和铺石。当土质不好但堆石不高时使用打石钉，当土质不好、堆石较高时使用铺石基础。一般假山高 2m 砌毛石厚 40cm，假山高 4m 砌毛石厚 50cm。

（3）桩基

① 条件。当上层土壤松软、下层土壤坚实时使用桩基，在我国古典园林中，桩基多用于临水假山或驳岸。

② 类型。桩基有两种类型：一种为支撑桩，即当软土层不深时，直接打到坚土层上的桩；另一种是摩擦桩，若坚土层较深，这时打桩的目的是靠桩与土间的摩擦力起支撑作用。

③ 对桩材的要求。作为桩材的木质必须坚实、挺直，其弯曲度不得超过 10%，并只能有一个弯。景观中的常用桩材为杉、柏、松、橡、桑、榆等，其中以杉、柏最好。桩径通常为 10～15cm，桩长由地下坚土深度决定，多为 1～2m。桩的排列方式有梅花桩（5 个/m^2）、丁字桩和马牙桩，其单根承载重量为 150～300kN。

④ 填充桩。填充桩是指用石灰桩代替木桩。做法是先将钢钎打入地下一定深度后，将其拔出，再将生石灰或生石灰与砂的混合料填入桩孔，捣实而成。石灰桩的作用是当生石灰水解熟化时，体积膨大，使土中孔隙和含水量减少，达到提高土壤承载力、加固地基的目的。这样不仅可以节约木材，而且可以避免木桩易腐烂之弊。

（4）混凝土基础（图 4-4）

现今假山多采用混凝土基础，尤其是当山体高大，土质不好或在水中，岸边堆叠山石时。混凝土基础强度高，施工快捷。基础深度是依叠石高度而定的，一般 30～50cm；常用混凝土强度等级为 C15，配比为水泥：砂：卵石＝1：2：4；基宽一般要求各边宽出山体底面 30～50cm。对于山体特别高大的工程，还应做钢筋混凝土基础。

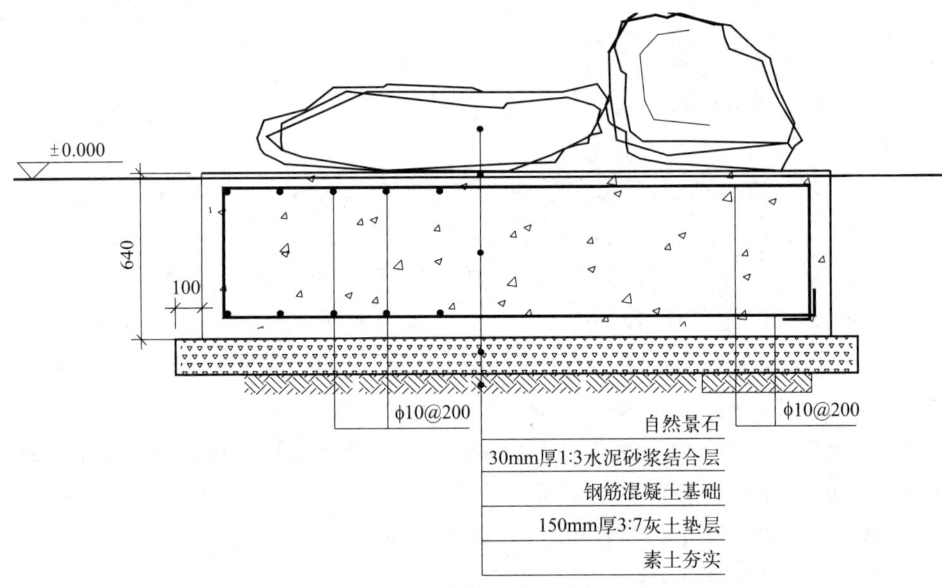

图 4-4 混凝土基础示意

步骤三：山石的吊运

1. 结绳

山石吊运一般使用长纤维的黄麻绳或棕绳，它们很结实并且柔软。绳的直径通常为

20mm（8股）、25mm（12股）、30mm（16股）、40mm（18股）。其负重为200～1500kg。结绳的方法根据石块的大小、形状和抬运的不同需要而定，要求结扣容易，解扣简便。其中，活扣是靠压力结紧的，因此越压越牢固，并不会滑动。

2. 走石

走石多用在施工作业面。当巨大的石块需要找平石面或稍加移动时，俗称“走石”。走石用钢撬操作完成，一般钢撬用20～40mm的粗钢打制而成。撬的用法通常有叨撬、舔撬、碾撬等，使石块向后、向前或向左右移动。用撬走石有一定的难度，常需有经验的技工操作。

3. 起重

① 人工起重。山石施工现场大多场地狭窄，因此小石块的起重多由人工抬起或挑起。

② 三脚架手拉葫芦起重。三脚架一般由长4～8m、径粗20cm的三根杉篙组成。杉篙的头尾各用镀锌钢丝箍牢，在上端50cm处用粗30mm的黄麻绳将三根杉篙按顺序扎牢、拉起，要求底盘成等边三角形，并与地平面成不小于60°的夹角。起重时，三脚架上系上手拉葫芦（俗称神仙葫芦），并在三根杉篙间横向设架，如图4-5所示。

图4-5　三脚架手拉葫芦

③ 机械起重。一般选用0.5～3t的轮式起重机较为合适，它可以在直径30m范围内拖运石块，在直径15m范围内起吊石块。

4. 运输

运输最重要的是防止石块破损，特别是对于珍贵的石材，则更为重要。

步骤四：山体的堆叠

一般山体的堆叠常分为：拉底、起脚、做脚、中层、收顶五部分。

1. 拉底

拉底，就是在山脚线范围内砌筑第一层山石，即做出垫底的山石层。拉底的方式和山脚线的处理见下面的叙述。

（1）拉底的方式

假山拉底的方式有满拉底和周边拉底两种。

① 满拉底，就是在山脚线的范围内用山石满铺一层。这种拉底的做法适宜规模较小、山底面积也较小的假山，也适用于北方冬季有冻胀破坏地方的假山。

② 周边拉底，则是先用山石在假山山脚沿线砌成一圈垫底石，再用乱石碎砖或泥土将石圈内全部填起来，压实后即成为垫底的假山底层。这种方式适合基底面积较大的大型假山。

（2）山脚线的处理

拉底形成的山脚边线也有两种处理方式，其一是露脚方式，其二是埋脚方式。

① 露脚，即在地面上直接做山底边线的垫脚石圈，使整个假山就像是放在地上一样。这种方式可以减少一点山石用量和用工量，但假山的山脚效果稍差一些。

② 埋脚，就是将假山底周边垫底山石埋入土下约 20cm 深。这种方式可使整座假山仿佛是从地下长出来的一样。在石边土中栽植花草后，假山与地面的结合就更加紧密、更加自然了。

（3）拉底的技术要求

在拉底施工中：第一，要注意选择适合的山石来做山底，不得用风化过度的松散山石；第二，拉底的山石底部一定要垫平垫稳，保证不能摇动，以便向上砌筑山体；第三，拉底的石与石之间要紧连互咬，紧密地扣合在一起；第四，山石之间要不规则地断续相间，有断有连；第五，拉底的边缘部分要错落变化，使山脚线弯曲时有不同的半径，凹进时有不同的凹深和凹陷宽度，要避免山脚的平直和浑圆形状。

2. 起脚

在垫底的山石层上开始砌筑假山，就叫“起脚”。起脚石直接作用于山体底部的垫脚石，它和垫脚石一样，都要选择质地坚硬、稳固、少有空穴的山石材料，以保证能够承受山体的重压。

除了土山和带石土山之外，假山的起脚安排应宜小不宜大，宜收不宜放。起脚一定要控制在地面山脚线的范围内，宁可向内收一点，也不要向山脚线外凸出。也就是说山体的起脚要小，不能大于上部准备拼叠造型的山体。因为即使起脚太小而导致砌筑山体时的结构不稳，还有可能通过补脚来加以弥补，但如果起脚太大，以后砌筑山体时造成山形臃肿、呆笨、没有一点险峻的态势时，就不好挽回了。如出现那种情况，则需要通过打掉一些起脚山石来改变臃肿的山形，这就极易将山体结构震动松散，埋下整座假山倒塌的隐患。所以，假山起脚还是稍小点为好。

起脚时，定点、摆线要准确。先布置山脚凸出点的山石，并将其沿着山脚线先砌筑上，待多数主要的凸出点山石都砌筑好后，再选择和砌筑平直线、凹进线处的山石。这样，既保证了山脚线按照设计而呈弯曲转折状，避免山脚平直的毛病，又使山脚凸出部位具有最佳的形状和最好的皴纹，增加了山脚部分的景观效果。

3. 做脚

做脚，就是用山石砌筑成山脚，它是在假山上面部分的山形山势大体施工完成以后，于紧贴起脚石外缘部分拼叠山脚，以弥补起脚造型不足的一种操作技法。所做的山脚石虽然无须承担山体的重压，但必须与主山的上部造型相协调，既要表现出山体如同土中自然生长出来的效果，又要特别增强主山的气势和山形的优美。假山山脚的造型与做脚方法如下所述。

假山山脚的造型应与山体造型结合起来考虑。在做山脚的时候要根据山体的造型而采取相适应的造型处理，以使整个假山的造型浑然一体，完整且丰满。

① 凹进脚。山脚向山内凹进，随着凹进的深浅和宽窄不同，脚坡可做成直立、陡坡或缓坡。

② 凸出脚。山脚向外凸出，其脚坡可做成直立状或坡度较大的陡坡状。

③ 断连脚。山脚向外凸出，凸出的端部与山脚本体部分似断似连。

④ 承上脚。山脚向外凸出，凸出部分对着其上方的山体悬垂部分，起着均衡上下重量和承托山顶下垂之势的作用。

⑤ 悬底脚。局部地方的山脚底部做成低矮的悬空状，与其他非悬底山脚构成虚实对比，可增强山脚的变化。这种山脚最适合用在水边。

⑥ 平板脚。片状、板状山石连续地平放山脚，做成如同山边小路一般的造型，突出了假山上下的横竖对比，使景观更为生动。

4. 中层

中层即底石以上、顶层以下的部分，是决定假山整体造型的关键层段。假山堆叠既是一个施工操作的过程，同时也是一个艺术创作的过程。假山的成败，一方面与设计方案有关，另一方面更是对假山匠师艺术造型能力的检验。中层施工效果更多地依赖假山施工匠人的经验和个人艺术素养。

5. 收顶

收顶即处理假山最顶层的山石。山顶是显现山的气势和神韵的突出部位，假山收顶是整组假山的魂。观赏假山素有远看山顶，近看山脉的说法，山顶是决定叠山整体重心和造型的最主要部位。收顶用石体量宜大，以便收压而使山体坚实稳固，同时要使用形态和轮廓均富有特征的山石。假山收顶的方式一般取决于假山的类型：峦顶多用于土山或土多石少的山；平顶适用于石多土少的山；峰顶常用于岩山。峦顶多采用圆丘状或因山岭走势而有些伸展。平顶则有平台式、亭台式等，可为游人提供一个赏景、活动的场所，其外围仍可堆叠山石以形成石峰、石崖等，但须坚固。

步骤五：山体的加固与做缝

1. 加固

① 打塞。当安放的石块不稳固时，通常打入质地坚硬的楔形石片，使其垫牢，称为“打塞”，如图 4-6 所示。

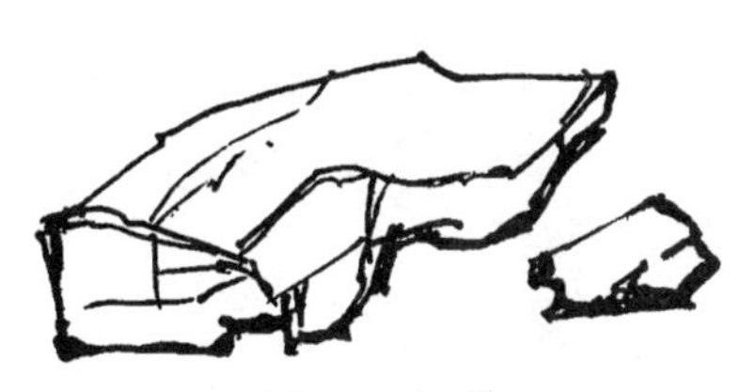

图 4-6　打塞

图 4-7　戗

② 戗。为保证立石的稳固，用石块支撑称为“戗”，如图 4-7 所示。

③ 灌筑。每层山石安放稳定后，在其内部缝隙处，一般按水泥∶砂∶石子为 1∶3∶6 的配比灌筑、捣固混凝土，使其与山石结为一体。

④ 铁活。假山工程中的铁活主要有铁爬钉、铁吊链、铁过梁、铁扁担等，其式样如图 4-8 所示。铁制品在自然界中易锈蚀，因此这些铁活都埋于结构内部，而不外露，它们均为加固保护措施，而非受力结构。

2. 做缝

做缝是把已叠好的假山石块间的缝隙，用水泥砂浆填实或修饰。这道工序从某种意义上讲，是对假山的整容。一般每堆 2～3 层，做缝一次。做缝前先用清水将石缝冲洗干

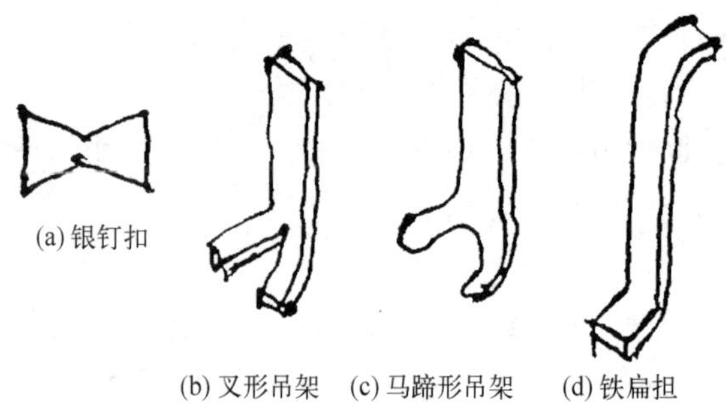

图 4-8　各种铁活

净，如石块间缝隙较大，则应先用小石块进行补形，再随形做缝。做缝时要尽量表现岩石的自然节理，可增加山体的皴纹和真实感。做缝时砂浆的颜色应尽力与山石本身的颜色相统一。目前通常用 M7.5 的水泥砂浆，如堆高在 3m 以上，则用 M10 的水泥砂浆。做缝的形式根据需要做成粗缝、光缝、细缝、毛缝等。堆山时还应预留种植穴，做好排水措施以防水土流失。

【知识链接】

一、假山的功能

假山具有多方面的造景功能，可以与景观建筑、园路、场地和景观植物组合出富于变化的景致，以减少人工雕琢的痕迹，增添自然情趣，使景观建筑融入山水环境中，因此，假山成为表现中国自然山水园的特征之一。根据堆叠的目的不同，其功能有如下几方面。

1. 构成主景

在采用主景突出布局方式的景观中，或以山为主景，或以山石驳岸的水池为主景，整个园子的地形骨架起伏、曲折皆以此为基础进行变化。例如，北京北海公园的琼华岛（今北海的白塔山），采用土石相间的手法堆叠（图 4-9）；扬州个园的“四季假山”以及苏州的环秀山庄等，总体布局都是以山为主，以水为辅，景观独特。

2. 划分和组织景观空间

利用假山划分和组织景观空间主要是从地形骨架的角度出发，它具有自然灵活的特点，通过障景、对景、背景、框景、夹景等手法灵活运用，形成峰回路转、步移景异的游览空间。如苏州拙政园中的枇杷园和远香堂，腰门一带用假山结合云墙的方式划分空间（图 4-10），使人在枇杷园内就能通过园洞门北望“雪香云蔚亭”，又以山石作为前置夹景，就是成功的例子。昆明市区最大的叠石瀑布——月牙塘公园大型叠石瀑布，也是对景、障景等划分空间手法的成功运用。

3. 点缀和装饰景观空间

运用山石小品作为点缀景观空间、陪衬建筑和植物的手段，在景观中普遍运用，尤其以江南私家园林运用最为广泛。以苏州留园为例，其东部庭园的空间基本上是用山石和植物装点的，或山石花台，或石峰凌空，或粉壁散置，或廊间对景，或窗外漏景。如揖峰轩庭园，在天井中立石峰，天井周围布置山石花台，点缀和装饰了园景。

图 4-9　琼华岛假山主景

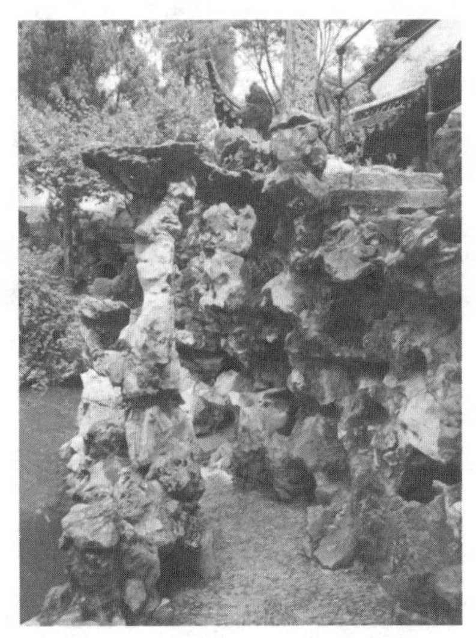

图 4-10　拙政园假山划分空间

用山石做护坡、挡土墙，在景观中也很普遍。在坡度较陡的土山坡地常布置山石，以阻挡和分散地表径流，降低其流速，减少水土流失，从而起到护坡作用。如颐和园龙王庙土山上的散点山石就具有护坡效果。对于坡度更陡的土山，往往开辟出自然式的台地，在土山外侧采用自然山石做挡土墙，自然朴实。

利用山石做驳岸、花台、石阶、踏跺等，还具有装饰作用。例如江南私家园林广泛地利用山石做花台，种植牡丹、芍药及其他观赏植物，并用花台来组织庭园中的游览路线，或与壁山、驳岸相结合，在规整的建筑空间中创造出自然、疏密的变化。广州流花湖公园的湖岸小景，结合湖岸地形高差，以塑石、塑树桩和塑树根汀步组成挡土构筑物，极富观赏性。

4. 作为室内外自然式的家具或器设

此外，利用山石还可制作诸如石屏风、石桌、石凳等家具或石栏、石鼓、石灯笼等器设，既为游人提供了方便，又增添了美景。

二、假山布置技巧

假山布置最根本的法则是“因地制宜，有真为假，做假成真”，具体要注意以下几点。

1. 山水依存，相得益彰

水无山不流，山无水不活，山水结合可以取得刚柔共济、动静交呈的效果，避免“枯山”一座，形成山环水抱之势。苏州环秀山庄，山峦起伏，构成主体；弯月形水池环抱山体西、南两面；一条幽谷山涧贯穿山体，再入池尾，是山水结合成功的范例。

2. 立地合宜，造山得体

在一个园址上，采用哪些山水地貌组合单元，必须结合相地、选址，因地制宜，统筹安排。山的体量、石质和造型等均应与自然环境相互协调。例如，一座大中型景观可造游览之山，庭园多造观赏的小山。

3. 巧于因借，混假于真

按照环境条件，因势利导，依境造山。如无锡的寄畅园，借九龙山、惠山于园内，在真山前面造假山，竟如一脉相贯，取得“真假难辨”的效果。

4. 宾主分明，“三远”变化

假山的布局应主次分明，互相呼应。应先定主峰的位置，后定次峰和配峰。主峰高耸、浑厚，客山拱伏、奔趋，这是构图的基本规律。宋代郭熙在《林泉高致》中说：“山有三远，自山下而仰山巅，谓之高远；自山前而窥山后，谓之深远；自近山而望远山，谓之平远。”例如，苏州环秀山庄的湖石假山，并不是以奇异的峰石取胜，而是从整体着眼，巧妙地运用了“三远”变化，在有限的空间中，叠出近似自然的山石林泉。

5. 远观山势，近看石质

这里所说的“势”，是指山水的轮廓、组合和所体现的态势。“质”指的是石质、石性、石纹、石理。叠山所用的石材、石质、石性须一致；叠时对准纹路，要做到理通纹顺。这好比山水画中，要讲究“皴法”一样，使叠成的假山符合自然之理，做假成真。

6. 树石相生，未山先麓

石为山之骨，树为山之衣。没有树的山缺乏生机，给人以“童山”“枯山”的感觉。叠石造山有句行话“看山先看脚”，意思是看一个叠山作品，不是先看山堆叠如何，而是先看山脚是否处理得当，若要山巍，则需脚远，可见山脚造型处理的重要性。

7. 寓情于石，情景交融

叠山往往运用象形、比拟和联想的手法创造意境，即所谓“片山有致，寸石生情”。扬州个园的“四季假山”，即是寓四时景色于一园。春山选用石笋与修竹象征“雨后春笋”；夏山选用灰白色太湖石，并结合荷、山洞和树荫，用以体现夏景；秋山选用富于秋色的黄石，以象征“重九登高”的民情风俗；冬山选用宣石和腊梅，石面洁白耀目，如皑皑白雪，加以墙面风洞之寒风呼啸，冬意更浓。冬山与春山，仅一墙之隔，墙开透窗，可望春山，有“冬去春来”之意。可见，该园的叠山耐人寻味，立意不凡。

【拓展训练】

① 天然假山施工中，如何排布石材使其衔接合理，既美观又牢固？

② 如何挑选天然假山的材料？

③ 天然假山堆叠常用的工具有哪些？

④ 天然假山基础有哪些？试述其施工技术要点。

扩展阅读

园林瑰宝——假山

在中国，假山最早可追溯至秦始皇时期，“兰池陂，即秦之兰池也，在县（咸阳）东二十五里。初，始皇引渭水为池，东西二百里，南北二十里，筑为蓬莱山，刻石为鲸鱼，长二百丈”。可见秦朝的假山建造更接近造真山。到了魏晋时期，假山建造形式和手法才逐渐成形，经过千年的发展演变，逐渐成为中国园林里的瑰宝。

明代园林家文震亨说："一峰则太华千寻，一勺则江湖万里。"一座小巧的假山，就能集华山的万千姿态。作为园林中的主要元素，假山的美感，就像中国的山水画，能在有限的空间里，引发人们无限的遐想。通过园林艺术家巧夺天工的手法，让没有生命力的石头充满了灵性和美感，成为一幅立体的画卷。《闲情偶寄》中称赞假山艺术是"神仙妙术"。

任务二

塑石假山施工

假山是中国传统园林中必不可少的景观要素，它不仅有着极高的美学价值，而且体现出中国文化的深厚底蕴。但传统的假山建造需要大量的人工和自然石材，造价昂贵，难以普及。因此塑石假山应运而生，它利用高科技制造技术，将树脂、水泥等材料制成逼真的假山雕塑，不仅造型精美，经济实惠，而且具有很高的实用价值。塑山、塑石通常有两种做法，一种为钢筋混凝土塑山，另一种为砖石混凝土塑山，也可以两者混合使用。

首先，塑石假山拥有逼真的外观和自然的质感，这是与传统假山最大的区别。传统假山一般采用自然石材，但往往因挑选石块的不同而难以实现外观的统一，同时存在石头开裂、生物侵蚀等问题。而塑石假山则是以树脂、水泥等为原材料，精心雕琢出各种各样的山石景点，具有较高的装饰性，可以用于室内和室外的装修。

其次，塑石假山还具有耐久性和易于维护的优势。塑石材质不仅防水防潮，而且抗紫外线、耐高温、抗风化等，能够适应不同的气候环境，不会因太阳、雨雪的侵蚀而褪色、老化。

最后，塑石假山还可以起到保护环境和利用资源的作用。随着全球环保意识的提升，越来越多的人开始关注环境保护，尤其是保护自然资源的重要性。传统假山的建造往往需要大量采石，导致了不可估量的破坏，而且建造假山也需要大量施工和后期维护，对环境产生了一定危害。而塑石假山则利用可回收材料制成，不仅减少了自然石材的采石量，而且可以通过其本身展示环保理念，促进了人们对环境保护的理解和认知。

【工作流程】

塑石假山施工准备→塑石假山基础施工→立钢筋骨架→面层批塑和装饰→养护。

【操作步骤】

步骤一：塑石假山施工准备

1. 技术准备工作

因地制宜地制定科学合理的施工方案，依据工程量大小落实塑石技术人员和机械设备，使整个塑石施工有计划、有步骤地进行。

塑石假山施工对工艺要求较高，塑石技术人员施工前必须先熟悉施工图，并与设计师进行沟通，将设计的整体轮廓和局部细节都领悟透彻。施工中可以采用新技术、新工艺，确保景观的艺术效果。

2. 材料和设备的选择与准备

按照 A 小区塑石假山施工图所示，将所需要的材料和设备准备好，如用作骨架的钢筋以及焊接机、钢丝网、麻刀灰浆、石膏、面层颜色涂料等。

除常用的施工机具与工具外，还应结合塑石假山施工工艺的需要，配备专用的切割机、钢钎、毛刷、喷浆机等。

步骤二：塑石假山基础施工

根据基地土壤的承载能力和山体的重量，经过计算确定假山基础的尺寸大小。通常根据山体的轮廓线，每隔 1m 做一根钢筋混凝土柱基础，若山体形状变化大，则局部柱子加密。

步骤三：立钢筋骨架

塑石假山钢筋骨架施工包括浇筑钢筋混凝土柱子，焊接钢筋骨架（图 4-11），捆扎造型钢筋，盖钢丝网等。其中焊接钢筋骨架和盖钢丝网是塑山效果的关键环节，目的是用于造型和挂泥。钢筋要根据山形做出自然凹凸的变化。盖钢丝网时一定要与造型钢筋贴紧扎牢，不能有浮动现象。

图 4-11　假山钢筋骨架

步骤四：面层批塑和装饰

1. 面层批塑

先搭建脚手架，在钢筋骨架上进行打底，即在钢筋网上抹灰两遍，材料为水泥＋黄泥＋麻刀，其中水泥∶砂为 1∶2，黄泥为总重量的 10%，麻刀适量，水胶比为 1∶0.4，以后各层不加黄泥和麻刀。砂浆拌和必须均匀，随用随拌，存放时间不宜超过 1h，初凝后的砂浆不能继续使用。面层批塑如图 4-12 所示。

2. 面层装饰

A 小区的塑石假山，面层装饰模拟天然石材的质地。在施工中，应领会设计师意图，模拟石材的颜色，调制涂料，进行装饰。其装饰工作主要有以下内容。

① 皴纹和质感修饰的重点在山脚和山体中部。山脚应表现粗犷，有人为破坏、风化的痕迹，并多有植物生长。山腰部分一般在1.8～2.5m处，追求皴纹的真实效果，应做出不同的面，强化力感和棱角，以丰富造型。修饰时应注意层次，色彩逼真，主要手法有印、拉、勒等。山顶一般在2.5m以上，施工时不必做得太细致，可将山顶轮廓线渐收，同时将色彩变浅，以增加山体的高大和真实感。

② 选用不同颜色的矿物颜料加白水泥再加适量的建筑胶调配。颜色要仿真，可以有适当的艺术夸张，色彩要明快。着色要有空间感，如上部着色略浅，纹理凹陷部位色彩要深。着色常用手法有洒、弹、倒、甩，刷的效果一般不好。面层装饰效果如图4-13所示。

图4-12　面层披塑

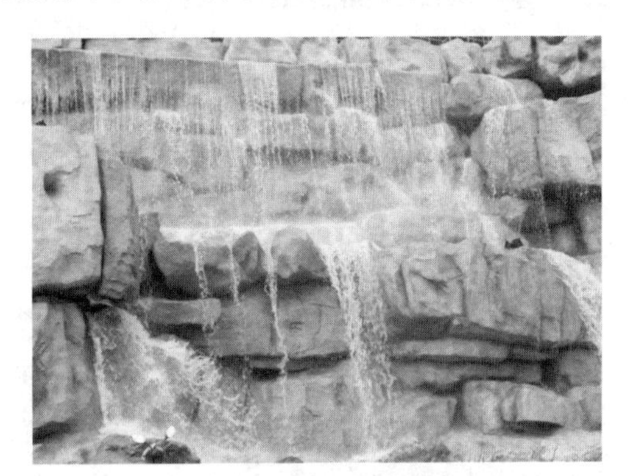

图4-13　面层装饰效果

3. 其他装饰

① 光泽。可在石的表面涂环氧树脂或有机硅，重点部位还可打蜡。应注意青苔和滴水痕的表现，时间久了，还会自然地长出真的青苔。

② 种植池。种植池的大小应根据植物（含塑山施工现场土球）总重量决定，并注意留排水孔。给排水管道最好在塑山时预埋在混凝土中，敷设时一定要做防腐处理。在兽舍外塑山时，最好同时做水池，可便于兽舍降温和冲洗，并方便植物供水。

步骤五：养护

在水泥初凝后开始养护，要用麻袋片、草帘等材料覆盖，避免阳光直射，并每隔2～3h洒水一次。洒水时要注意轻淋，不能冲射。养护期不少于半个月，在气温低于5℃时应停止洒水养护，并采取防冻措施，如遮盖稻草、草帘、草包等。假山内部钢骨架安装前均应涂防锈漆。

【知识链接】

塑石假山即是指用混凝土、玻璃钢、有机树脂等现代材料和石灰、砖、水泥等非石材料经人工塑造而成的假山。塑山与塑石可节省采石运石工序，造型不受石材限制，体量可大可小。塑山具有施工期短和见效快的优点，缺点在于混凝土硬化后表面有细小的裂纹，表面皴纹的变化不如自然山石丰富而且使用期不如石材长。塑石假山一般包括塑山与置石两大类型。

一、塑石假山的特点

塑石假山在景观中得以广泛运用，与其“便”“活”“快”“真”的特点是密不可分的。

便，指塑山所用的砖、水泥等材料来源广泛，取用方便，可就地解决，无须采石、运石。

活，指塑山在造型上不受石材大小和形态限制，可完全按照设计意图进行造型。

快，指塑山的施工期短，见效快。

真，好的塑山无论是在色彩还是质感上都能取得逼真的石山效果。

当然，由于塑山所用的材料毕竟不是自然山石，因而在神韵上还是不及石质假山，同时使用期限较短，需要经常维护。

二、塑石假山抹面施工中需要注意的问题

塑石假山的仿真效果取决于抹面层的材料、颜色和施工工艺水平。要实现仿真效果，关键是尽可能采用与真实石材相似的颜色，并通过精心的抹面和精细塑造石面的裂纹和棱角，使其具备逼真的质感，从而达到仿真的效果。

为了制作有色的水泥砂浆用于抹面，需要根据所要仿造的山石种类的固有颜色，添加适当的颜料进行调制。举个例子，如果想要仿造灰黑色的岩石，可以在普通灰色水泥砂浆中加入炭黑，从而得到灰黑色的水泥砂浆用于抹面。如果想要仿造紫色砂岩，可以使用氧化铁红来将水泥砂浆调制成紫砂色。同样地，如果想要仿造黄色砂岩，可以在水泥砂浆中加入柠檬铬黄。而如果想要仿造青石，可以在水泥砂浆中加入氧化钴绿和钴蓝。

在配制水泥砂浆时，应该选择稍微比设计的颜色深一些的颜料。这是因为一旦水泥砂浆塑形成山石后，其色度会稍稍变得浅淡。通过这种方式，可以调制有色的水泥砂浆，以便用于抹面。

为了使石面更接近天然的石质，应该避免使用铁抹子来抹成光滑的表面，而是选择木制的砂板作为抹面工具。这样可以将石面抹成稍稍粗糙的磨砂表面，以更好地模仿自然的石质纹理。

在塑造石面时，应该根据所要仿造的岩石的固有特征来处理皴纹、裂缝和棱角。例如，如果要模仿水平的砂岩岩层，石面的皴裂和棱纹在横向上会呈现出比较平行的横向线纹或水平层理，而在竖向上，则会模仿岩层自然的纵向裂缝形状。这些裂缝可能是垂直的或倾斜的，变化多样。

如果要模仿不规则的块状巨石，石面上的水平或垂直皴纹和裂缝会相对较少，取而代之的是更多不规则的斜线、曲线和交叉线形状。

三、其他塑石假山的施工工艺

1. 砖石塑山施工工艺

首先在拟塑山石的土体外缘清除杂草和松散的土体，按设计要求修饰土体，沿土体外开沟做基础，其宽度和深度视基地土质和塑山高度而定。然后沿土体向上砌砖，要求与挡土墙相同，但砌砖时应根据山体造型的需要而变化，如表现山岩的断层、纹理和岩石表面的凹凸变化等。再在表面抹水泥砂浆，进行面层修饰，最后着色。

塑山工艺中存在的主要问题：一是由于山的造型、皴纹等的表现依靠施工者的工艺水平，因此对师傅的个人修养和技术的要求较高；二是水泥砂浆表面易发生开裂，影响

强度和美观；三是易褪色。

2. FRP 塑山、塑石施工工艺

FRP 是玻璃纤维增强塑料（fiber reinforced plastic）的缩写，它是由不饱和聚酯树脂与玻璃纤维结合而成的一种重量轻、质地韧的复合材料，也称玻璃钢。玻璃钢成型工艺有以下两种。

① 席状层积法。利用树脂液、毡和数层玻璃纤维布，翻模制成。

② 喷射法。利用压缩空气将树脂液、固化剂（交联剂、引发剂、促进剂）、短切玻璃纤维同时喷射沉积于模具表面，固化成型。通常空压机压力为 200～400kPa，每喷一层用辊筒压实，排除其中的气泡，使玻璃纤维渗透胶液，反复喷射直至 2～4mm 厚度。在适当位置做预埋铁，以备组装时固定。最后再敷一层胶底，可根据需要调配着色。喷射时使用的是一种特制的喷枪，在喷枪头上有三个喷嘴，可同时分别喷出树脂液、促进剂和短切 20～60mm 的玻璃纤维树脂液加固剂。

FRP 塑山、塑石的施工程序如下：泥模制作→翻制模具→玻璃钢元件制作→运输或现场搬运→基础和钢骨架制作→玻璃钢元件拼装→焊接点防锈处理→修补打磨→表面处理，最后涂刷玻璃钢涂料。

这种工艺的优点在于成型速度快，薄、质轻，便于长途运输，可直接在工地施工，拼装速度快，制品具有良好的整体性。存在的主要问题是树脂液与玻璃纤维的配比不易控制，对操作者的要求高；劳动条件差；树脂溶剂是易燃品，在工厂制作过程中有毒、有气味；玻璃钢在室外强日照下，受紫外线的影响表面易酥化，故其寿命只有 20～30 年。但作为一个新生事物，它会不断地完善和发展。

3. GRC 假山造景施工工艺

GRC（glass fiber reinforced cement）即玻璃纤维增强水泥，是将抗碱玻璃纤维加入低碱水泥砂浆中硬化后产生的高强度的复合物。20 世纪 80 年代在国际上出现了 GRC 假山造景。GRC 假山工艺使用机械化生产制造假山石元件，使其具有重量轻、强度高、抗老化、耐水湿，易于工厂化生产，施工方法简便、快捷，成本低等特点。采用 GRC 制造出的山石质感和皴纹都很逼真，是目前理想的人造山石材料。GRC 为假山艺术创作提供了更广阔的空间和可靠的物质保证，为假山技艺开创了一条新路，使其达到“虽由人作，宛自天开”的艺术境界。

GRC 假山元件的制作主要有两种方法：一种为席状层积式手工生产法；另一种为喷吹式机械生产法。现就喷吹式机械生产法的工艺简介如下。

① 模具制作。根据仿造石材的种类、模具使用的次数和野外工作条件等选择制模的材料。常用模具的材料可分为软模（如橡胶模、聚氨酯模、硅模等）和硬模（如钢模、铝模、GRC 模、FRP 模、石膏模等）。制模时应选择天然岩石皴纹好的部位，所制的模具应便于复制操作，一般制成脱制模具。

② GRC 假山石块的制作。将低碱水泥与一定规格的抗碱玻璃纤维以二维乱向的方式同时均匀分散地喷射于模具中，凝固成形。喷射时应随吹射随压实，并在适当的位置预埋铁件。

③ GRC 的组装。将 GRC“石块”元件按设计图进行假山的组装，焊接牢固，修饰，

做缝，使其浑然一体。

④ 表面处理。主要是使“石块”表面具有憎水性，产生防水效果，并具有真石的润泽感。

4. CFRC 塑石施工工艺

CFRC 是碳纤维增强混凝土（carbon fiber reinforced concrete）的缩写。20 世纪 70 年代，英国首先制作了聚丙烯腈基（PAN）碳纤维增强水泥基材料的板材，并应用于建筑，开创了 CFRC 研究和应用的先例。

在所有元素中，碳元素在构成不同结构的能力方面是独一无二的。这使碳纤维具有极高的拉伸强度和拉伸模量，与金属接触电阻低和电磁屏蔽效应良好，而且阻燃效果好、耐高温，故能制成智能材料，在航空、航天、电子、机械、化工、医学器材、体育娱乐用品等工业领域中广泛应用。

CFRC 人工岩是指把碳纤维搅拌在水泥中，制成的碳纤维增强混凝土，可用于造景工程。CFRC 人工岩在耐盐侵蚀、耐水性、耐光照能力等方面均明显优于 GRC 人工岩，并具有耐高温、耐冻融干湿变化等优点，因此其长期强度保持力高，是耐久性优异的水泥基材料。CFRC 人工岩适用于河流、港湾等各种自然环境的护岸、护坡。由于其具有的电磁屏蔽功能和可塑性，因此可用于隐蔽工程，以及景观假山造景、彩色路石、浮雕、广告牌等各种景观的再创造。

【拓展训练】

① 以本节学习内容为例，准备钢丝、细钢丝、细钢丝网、麻绳、石膏灰等，等比例缩放假山，按照施工步骤进行操作。

② 如何进行塑石假山面层批塑的水泥砂浆调色？

③ 现场参观某塑石假山，据此制定合理的施工流程。

扩展阅读

我国的GRC发展史

1958 年，水泥研究院混凝土室开展了硅酸盐自应力玻璃纤维水泥的研究。

20 世纪 70 年代中期，建筑材料工业研究院水泥研究所提出了解决 GRC 耐久性的中国“双保险”的技术路线。使中国 GRC 走上了研制与推广应用的快速道路。

80 年代，国家建材局组织了我国新一轮墙体材料革新。建材研究院水泥研究所混凝土室通过科学比较，提出了抗碱玻璃纤维增强Ⅰ型低碱度硫铝酸盐水泥的使用安全期将超过 100 年的科学论断，从此中国玻璃纤维增强水泥的开发工作进入了更为广阔的领域。1985 年 3 月，中国 GRC 协会在南京召开了成立大会。

1990 年，“GRC 技术及其推广应用项目”获国家建材工业局科技进步奖一等奖，翌年又获国家科技进步奖二等奖。90 年代，GRC 生产技术得到进一步发展。中国 GRC 生产从此跨入工业化大生产的新阶段。

项目五

水景工程施工

知识要求

① 掌握人造水池的施工流程。
② 掌握池塘、驳岸的施工工艺。
③ 了解水景管线工程的一般结构。

技能要求

① 会进行人造水池的施工。
② 会进行池塘施工及驳岸的处理。
③ 能制定水景各种管线的铺设和安装方案。

素质要求

① 培养学生在景观施工中的细心态度。
② 培养学生在施工中严谨的工作态度。
③ 培养学生制定和调整施工方案的主动性。
④ 培养学生独立思考问题的能力和协调能力。

【项目学习引言】

水景的施工范围涉及多个专业领域，包括建筑结构、给水排水和电气工程等。设计与施工人员必须具备相关专业知识，以创造令人满意的水景。随着技术水平的提高，水景建造逐渐从传统的景观建筑配套项目发展成为相对独立的工程。

水景项目包括水池、自然池塘、跌水瀑布、溪流、驳岸及护坡、喷泉等要素。这些要素的合理搭配能使整个园区充满灵气。在景观空间中，水景常常被设计为景观构图的核心，成为视觉焦点。设计与施工团队的专业知识在创造出富有艺术感和美感的水景中起着关键作用。

根据A小区工程案例，本项目主要包含中心区域的一个自然式水池。

任务一 水池施工

自然式水池的岸线以自然曲线为主。在景观中模拟自然的水面，结合置石、地形、花木种植设计成自然式水景。水体多为自然或半自然形体的静水池，强调水际线的自然变化，水面收放有致，有着一种天然野趣的意味。人工修建或经人工改造的自然式水体，由泥土、石头或植物收边，适合自然式庭院。

【工作流程】

水池施工前分析→驳岸施工→池底施工→水景试水及验收。

【操作步骤】

步骤一：水池施工前分析

A小区池塘位于小区中部，采用自然式布局（图5-1），水源临近河道。本工程通过合理改造，使小区景观更自然。本水景工程包括自然式水池、块石驳岸、挡土墙、水景墙、跌水坝等。需要根据图纸确定好施工的顺序，在前期土方完成后先进行管线的布置和景观建筑小品施工。水池施工前检查这些设施结构是否安装完毕并进行验收，合格后方可进行池塘施工。池塘施工主要是指驳岸护坡、拦水坝及池底的施工。根据池塘施工图纸选择好施工工艺，并准备好所需要的材料、机械设备及辅助设施。

步骤二：驳岸施工

驳岸施工时必须结合所处小区的自然风格、地形地貌、地质条件、材料特性、种植特色以及施工方法、技术经济要求等来选择其结构形式，在实用、经济的前提下注意外形的美观，使其与周围景色协调。

1. 定点放样

人员及机械进场后，首先按设计平面图进行总体上的放样，用石灰线放出驳岸的土方开挖样线，并按施工规范引测水准点，沿线每5～10m即设一个临时水准点。布点放线还应根据设计图上的常水位线，确定驳岸的平面位置。放样时需要综合考虑驳岸和已建造好的小品等之间的位置。

2. 驳岸基础施工

驳岸施工前要注意避免基础部分积水。由于小区原有的水池不满足设计图纸要求，因此应对驳岸沿线的地形加以处理。采用人工结合挖掘机的方式开挖基础的槽坑。挖掘范围按地面的基础施工边线确定，挖槽深度一般为设计的基础层厚度。然后，按照基础

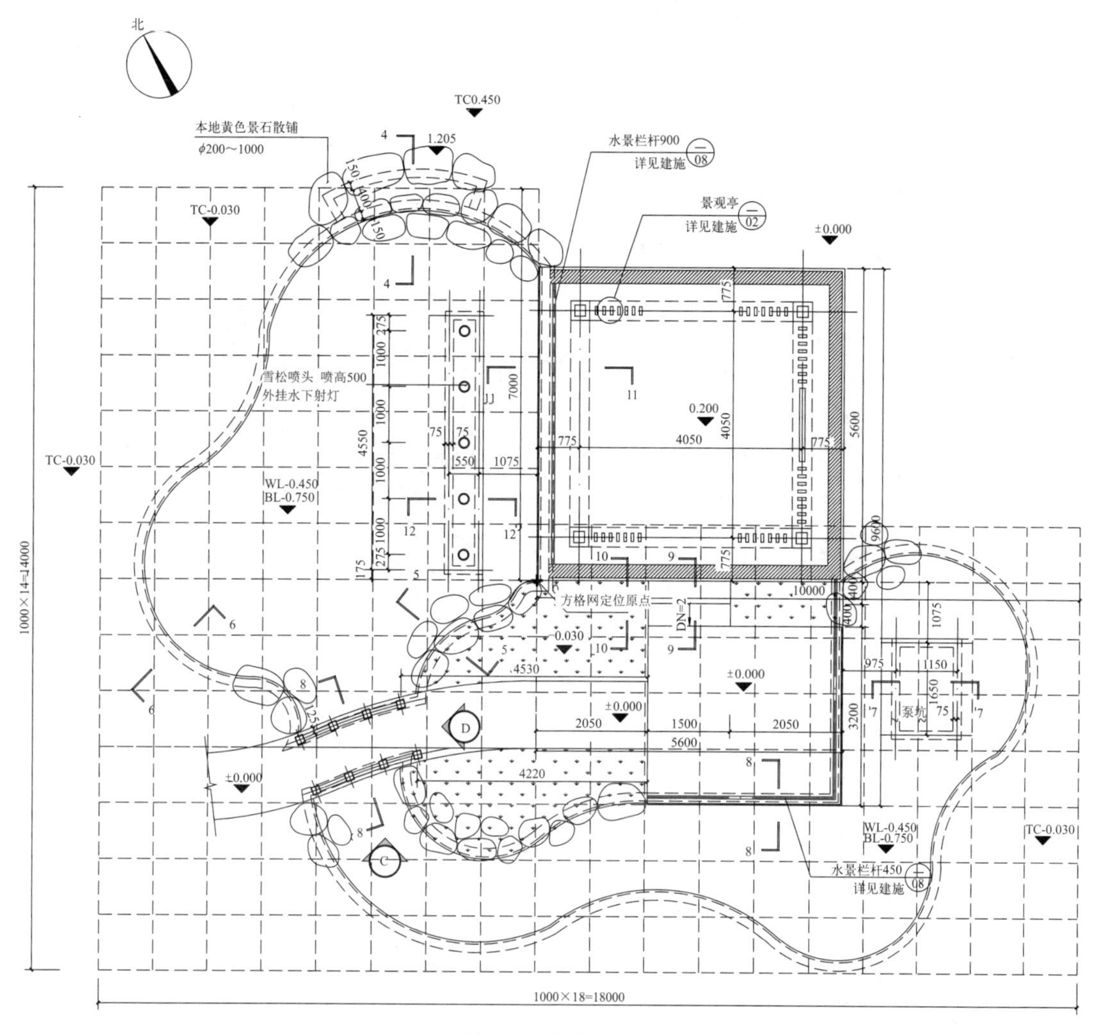

图 5-1　水池平面

设计所要求的配合比，将水泥、砂和卵石搅拌配制成混凝土，浇筑于基槽中并捣实铺平。待混凝土充分凝固硬化后方可放置块石。

3. 安置块石

块石施工的主要工作内容是基础块石、中层块石和顶层块石三部分的施工。基础块石是直接作用于驳岸底部的垫脚石，要选择质地坚硬、形状安稳实在、少有空穴的山石材料，以保证能够承受驳岸的重压。做脚，就是用块石砌筑成山脚，它是在驳岸的上面部分大体施工完成以后，在紧贴起脚石外缘处拼叠山脚，以弥补起脚造型不足的一种操作技法。所做的山脚石虽然无须承担山体的重压，但必须与驳岸的上部造型相协调，既要表现出驳岸自然的效果，又要增强驳岸的变化。

驳岸体块石的施工，主要是通过吊装、堆叠、砌筑操作，完成驳岸的造型。块石吊装到 A 小区池塘设计平面图所示位置，经过位置、姿态的调整后，就要将块石固定为一定的姿态，注意块石中心的位置，块石之间采用水泥砂浆填缝。在布置中，要注意将最好看的一面向着主要的观赏方向。如有三层以上块石，则应注意顶层块石一般要比中层块石体量大些或错落布置，切忌大小一样的块石均匀布置。为了尽量自然，部分块石驳岸与挡土墙要有些穿插。安置块石（图 5-2）过程不仅仅是单纯的施工过程，还是艺术的现场设计搭配过程，需要施工人员有一定的艺术水准，如不具备，就需要请相关设计单位人员进行现场指导。

(a) 驳岸有序但无变化

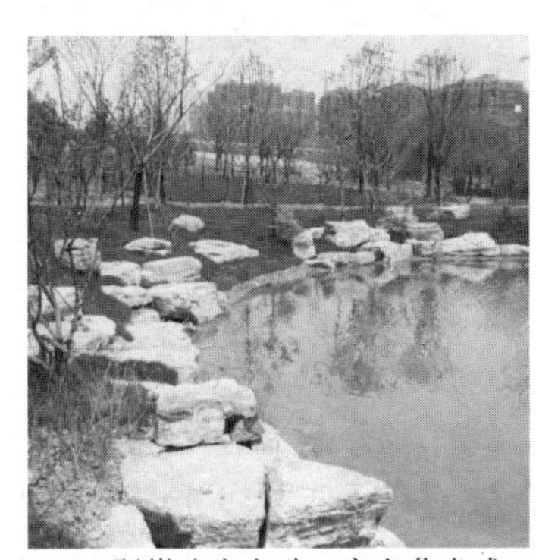

(b) 驳岸疏密有致，富有艺术感

图 5-2　安置块石

步骤三：池底施工

池底直接承受水的竖向压力，要求坚固耐久。池底多用钢筋混凝土结构，一般厚度大于 20cm。施工前先将现场清理干净，铺设 10cm 厚碎石垫层，可增加稳定性，改善软弱地基，而且可以起到扩散应力的作用，同时加速下部土层的固结和下沉。碎石铺设均匀后，在其表面铺设 6 号钢丝网，以增强池底混凝土的抗裂性。

池底铺设完钢丝网后开始铺设钢筋。在绑扎钢筋时，应详细检查钢筋的直径、间距、位置、搭接长度、上下层钢筋的间距、保护层及预埋件的位置和数量，看其是否符合设计要求。

浇筑混凝土前，应先施工完各种管线，并进行验收。由于池底铺设面积较大，浇筑混凝土时采用机械泵送方式。泵送混凝土的输送管根据场地中水池条件现场进行安装，尽量缩短管线长度，少用弯管和软管。输送管的铺设应保证安全施工，便于清洗管道、排除故障和装拆维修。泵送混凝土时，混凝土泵的支腿应完全伸出，并插好安全销。开始泵送时，混凝土泵应处于慢速、匀速并随时可反泵的状态。泵送速度应先慢后快，逐步加速。同时，应观察混凝土泵的压力和各系统的工作情况，待各系统运转顺利后，方可以正常速度进行泵送。

同一区域的混凝土，应按先竖向结构后水平结构的顺序，分层连续浇筑。当不允许留施工缝时，区域之间、上下层之间的混凝土浇筑间歇时间不得超过混凝土初凝时间。当下层混凝土初凝后，浇筑上层混凝土时，应先按留施工缝的规定处理。振捣泵送混凝土时，振动棒移动间距宜为 400mm 左右，振捣时间宜为 15～30s，且隔 20～30min 后进行第二次复振。混凝土初凝时，表面积水需要及时排干。

步骤四：水景试水及验收

施工完成后，进行放水试验。首先检查池体的安全性、平整度以及是否存在渗漏情况，同时关注水形、光色与周边环境的协调统一。接着，封闭排水孔，逐步打开上游水源，分阶段放水，仔细观察水流和岸壁情况，并连续观察 7 天，记录水面的升降情况。

若外表无渗漏现象，水位无明显降落，说明施工合格。这个过程需要特别注意，确保水景的稳定性和设计要求达标。

【知识链接】

一、自然式水池池底施工技术

目前国内较为常见的自然式水池池底结构有以下几种（图 5-3）。

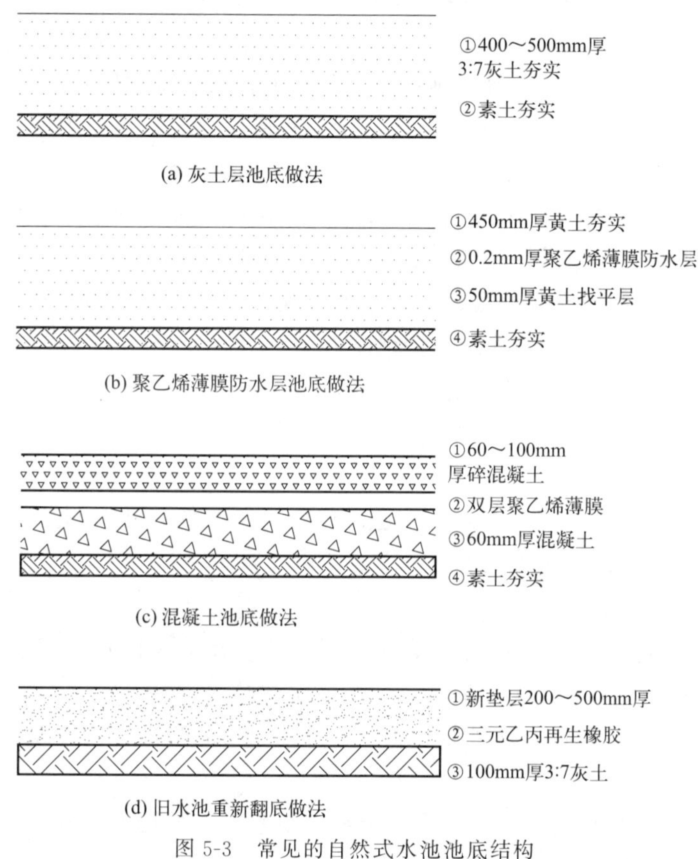

图 5-3　常见的自然式水池池底结构

① 灰土层池底。当池底的基土为黄土时，可在池底做 40～50cm 厚 3∶7 灰土层，并每隔 20m 留一个伸缩缝。

② 聚乙烯薄膜防水层池底。若基土微漏，则可采用聚乙烯薄膜防水层池底做法。

③ 混凝土池底。当水面不大，防漏要求又很高时，可以采用混凝土池底结构。这种结构的水池，如其形状比较规整，50m 内可不做伸缩缝。如其形状变化较大，则应在其长度约 20m 及其断面狭窄处做伸缩缝。一般池底可贴蓝色瓷砖或在水泥中加入矿物颜料，进行色彩上的变化，增加美感。

二、喷泉管道布置及控制方式

1. 施工要点

（1）喷泉管道布置要点

喷泉管网主要由输水管、配水管、补给水管、溢水管和泄水管等组成。现将布置要点简述如下。

① 管道地埋敷设。在小型喷泉中，管道可直接埋在土中。在大型喷泉中，如管道多而且复杂时，应将主要管道敷设在能通行人的渠道中，在喷泉的底座下设检查井。只有那些非主要的管道，才可直接敷设在结构物中，或置于水池内。

② 环形十字供水网。为了使喷泉获得等高的射流，喷泉配水管网多采用环形十字供水。

③ 补水管的设置。由于喷水池内水的蒸发及在喷射过程中一部分水被风吹走等会造成喷水池内水量损失，因此，在水池中应设补水管。补水管和城市给水管连接，并在管上设浮球阀或液位继电器，随时补充池内水量的损失，以保持水位稳定。

④ 溢水管的设置。为了防止因降雨使池水上涨造成溢流，在池内应设溢水管，直通城市雨水井，并应有不小于3%的坡度，在溢水口外应设拦污栅。

⑤ 泄水管的设置。为了便于清洗，以及在不使用的季节把池水全部放完，水池底部应设泄水管，直通城市雨水井，也可结合绿地喷灌或地面洒水另行设计。

⑥ 管道坡度要求。在寒冷地区，为防止冬季冻害，所有管道均应有一定坡度。一般不小于2%，以便冬季将管内的水全部排出。

⑦ 保持射流的稳定。连接喷头的水管不能有急剧的变化。如有变化，必须使水管管径逐渐由小变大，并且在喷头前必须有一段适当长度的直管。一般不小于喷头直径的20倍，以保持射流的稳定。

⑧ 调节设备的配套。对每个或每一组具有相同高度的射流，都应有自己的调节设备。通常用阀门或整流圈来调节流量和水头。

（2）喷泉的控制方式

① 手阀控制。这是最常见和最简单的控制方式，在喷泉的供水管上安装手控调节阀，用于调节各管段中水的压力和流量，形成固定的喷水姿态。

② 继电器控制。通常利用时间继电器按照设计的时间程序控制水泵、电磁阀、彩色灯等的启闭，从而实现可以自动变换的喷水姿态。

③ 音响控制。声控喷泉是用声音来控制喷泉喷水形态变化的一种自控泉。它一般由以下几部分组成。

a. 声电转换、放大装置。通常由电子线路或数字电路、计算机等组成。

b. 执行机构。通常使用电磁阀。

c. 动力。即水泵。

d. 其他设备。主要有管路、过滤器、喷头等。

声控喷泉的原理是将声音信号转化为电信号，并经过放大和其他处理，驱动继电器或电子式开关，进而控制水路上电磁阀的开闭，从而实现对喷头水流动的控制。通过这种方式，人们可以通过听觉和视觉的结合，欣赏到喷水大小、高度和形态的变化。这样，喷泉的水花可以随着音乐旋律的优美变化而翩翩起舞。

三、喷泉构筑物

施工要点：喷泉除管线设备外，还需配套有关构筑物，如喷水池、泵房及给水排水阀门井等。

1. 喷水池

喷水池是喷泉的重要组成部分，其本身不仅能独立成景，起点缀、装饰、渲染环境的作用，而且能维持正常的水位以保证喷水。因此，可以说喷水池是集审美功能与实用功能于一体的动静兼备的人工水景。

（1）分类

在景观设计中，按喷水池的形状和大小不同分为规则式和自然式两种。规则式喷水池采用几何形状，如圆形、椭圆形、矩形、多边形、花瓣形等。而自然式喷水池则以自然曲线为岸线，如弯月形、肾形、心形、泪珠形、蝶形等。现代喷水池更倾向于采用流线型设计，展现出活泼大方和富有时代感的特点。

喷水池的大小应根据周围环境和喷水高度来确定。一般来说，喷水越高，喷水池就越大。为了避免水滴飘散到池外，喷水池的半径通常为最大喷水高度的 1～3 倍。而自然式喷水池则更适合小型设计，平均池宽可以是喷水高度的 3 倍。

总之，喷水池的形状和大小的选择应考虑到整体环境及设计要求，以创造出优雅而和谐的景观效果。

喷水池深度不宜太深，以免发生危险。一般水深为 0.6～0.8m。

（2）喷水池结构与构造

喷水池由基础、防水层、池底、池壁、压顶等部分组成。

① 基础。基础是喷水池的承重部分，由灰土层和混凝土层组成。施工时先将基础底部素土夯实（密实度不得小于 85%）；灰土层一般厚 30cm（3 体积份石灰，7 体积份中性黏土）；C10 混凝土垫层厚 10～15cm。

② 防水层。在喷水池工程中，防水工程质量的好坏对其安全使用及其寿命有直接影响，因此正确选择和合理使用防水材料是保证喷水池质量的关键。目前，喷水池防水层种类较多：如按材料分，主要有沥青类、塑料类、橡胶类、金属类、砂浆、混凝土及有机复合材料等；如按施工方法分，有防水卷材、防水涂料、防水嵌缝油膏和防水薄膜等。

a. 沥青材料。主要有建筑石油沥青和专用石油沥青两种。建筑石油沥青与油毡结合形成防水层。专用石油沥青可用于音乐喷泉电缆的防潮防腐。

b. 防水卷材。品种有油毡、油纸、玻璃纤维毡片、三元乙丙再生胶及 603 防水卷材等。其中油毡应用最广，三元乙丙再生胶用作大型水池、地下室、屋顶花园，做防水层效果较好。603 防水卷材是新型防水材料，具有强度高、耐酸碱、防水防潮、不易燃、有弹性、寿命长、抗裂纹等优点，且能在－50～80℃环境中使用。

c. 防水涂料。常见的有沥青防水涂料和合成树脂防水涂料两类。

d. 防水嵌缝油膏。主要用于水池变形缝防水填缝，种类较多。按施工方法的不同分为冷用嵌缝油膏和热用灌缝胶泥两类。其中上海油膏、马牌油膏、聚氯乙烯胶泥、聚氨酯沥青弹性嵌缝胶等性能较好，质量有保证，使用较广。

e. 防水剂和注浆材料。常用的防水剂有硅酸钠防水剂、氯化物金属盐防水剂和金属皂类防水剂。注浆材料主要有水泥砂浆、水泥玻璃浆液和化学浆液三种。

喷水池防水材料的选用，可根据具体要求确定。对于一般喷水池，用普通防水材料即可；对于钢筋混凝土喷水池，也可采用抹层防水砂浆（水泥加防水粉）做法；对于临时性喷水池，还可将吹塑纸、塑料布、聚苯板组合起来使用，也有很好的防水效果。

③ 池底。池底直接承受水的竖向压力，要求坚固耐久。多用钢筋混凝土结构，一般厚度大于 20cm；如果喷水池容积大，则要配双层钢筋网。施工时，每隔 20m 选择最小断面处设变形缝（伸缩缝、防震缝），变形缝用止水带或沥青麻丝填充；每次施工必须由变形缝开始，不得在中间留施工缝，以防漏水。

④ 池壁。池壁是喷水池的竖向部分，承受池水的水平压力，水越深、容积越大，压力也越大。

池壁一般有砖砌池壁、块石池壁和钢筋混凝土池壁三种。壁厚视水池大小而定，一般采用标准砖、M7.5 水泥砂浆砌筑池壁，壁厚不小于 240mm。砖砌池壁虽然具有施工方便的优点，但红砖多孔，砌体接缝多，易渗漏，不耐风化，使用寿命短。块石池壁自然朴素，要求垒砌严密，勾缝紧密。若混凝土池壁用于厚度超过 400mm 的水池，对于 C20 混凝土需现场浇筑。钢筋混凝土池壁厚度大多小于 300mm，常用 150～200mm，宜配 $\phi8$ 或 $\phi12$ 钢筋，中心距多为 200mm。

⑤ 压顶。属于池壁最上部分，其作用为保护池壁，防止污水和泥沙流入池中，同时也防止池水溅出。对于下沉式水池，压顶至少要高于地面 5～10cm；而当池壁高于地面时，压顶做法必须考虑环境条件，要与景观相协调，可做成平顶、拱顶、挑伸、倾斜等多种形式。压顶材料常用混凝土和块石。

一个完整的喷水池还需要配备供水管道、补给水管道、泄水管道、溢水管道以及沉泥池。当管道穿过水池时，必须安装止水环以防止漏水。对于供水管道和补给水管道，需要安装调节阀，而对于泄水管道则需要配备单向阀，以防止反向流水污染水池。对于溢水管道，无须安装阀门，直接连接到泄水管道的单向阀后，与排水管网相连（具体布置请参考管网布置部分）。沉泥池应设置在水池的最低处，并加装过滤网。

为了节省空间，水池内还可以设置集水坑。有时，集水坑也可以用作沉泥池。在这种情况下，需要定期清理淤泥，并在管口处设置格栅，以防止淤塞。

2. 泵房

泵房是指安装水泵等提水设备的专用构筑物，其空间较小，结构比较简单。是否需要修建专用的泵房应根据具体情况而定。在喷泉工程中，凡采用清水离心泵循环供水的都应设置泵房；凡采用潜水泵循环供水的均不设置泵房。

（1）泵房的作用

① 保护水泵。泵房是专门用来供应喷泉所需水源的设施。为了保护水泵并确保其正常运行，水泵应该被固定在泵房内，而不是长期暴露在外面。长时间的风吹雨淋会导致水泵生锈，从而影响其运行效果。

将水泵固定在泵房内可以防止泥沙、杂物等进入水泵，否则会影响水泵的转动，并降低水泵的使用寿命，甚至可能损坏水泵。因此，将水泵放置在泵房内是为了保护水泵的正常运行和延长其使用寿命。

② 安全需要。水泵多采用三相异步电动机驱动，电动机额定电压为380V。因此，为了安全起见，也应将水泵安装在泵房内。对于潜水泵，虽不需设置泵房，但也要将控制开关设于室内，控制箱应安装在离地面1.6m以上安全的地方。

③ 景观需要。喷泉周围环境讲究整洁明快，各种管线不得暴露。为此，应设置泵房或以其他方法掩饰，否则有碍观瞻。

④ 利于管理。在泵房内，各种设备可长期处于配套工作状态，便于操作和检修，给管理带来方便。

（2）泵房的形式

根据泵房与地面的相对位置，泵房可分为地上式、地下式和半地下式三种。

① 地上式泵房，是指泵房主体建在地面之上，同一般房屋建筑，多为砖混结构。由于泵房建在喷泉附近，占用一定面积，会对喷泉的景观造成一定影响，因此不宜单独设置。通常情况下，会将泵房与办公用房结合在一起，以便于管理。如果必须单独设置泵房，则应该控制其体量，注重其造型和装饰，力求与喷泉周围的环境协调一致。地上式泵房具有结构简单、造价低、管理方便等优点，适用于中小型喷泉（图5-4）。

图5-4 地上式泵房

② 地下式泵房，是指泵房主体建在地面之下，同地下室建筑，多为砖混结构或钢筋混凝土结构，需做防水处理，避免地下水浸入。由于泵房建在地下而不占用地上面积，故不影响喷泉景观，但其结构复杂，造价高，管理操作不便。地下式泵房适用于大型喷泉。

③ 半地下式泵房，是指泵房主体建在地上与地下之间，兼具地上式和地下式两者的特点，不再赘述。

（3）泵房管线布置

① 动力机械选择。目前，最常用的动力机械是电动机。电动机因其转速与水泵转速较为接近，且为直接传动，因此效率高，噪声小，管理操作方便，故障少，寿命长。一般水泵生产厂家都为水泵配套安装了电动机，故可免去选购的烦恼。

② 管线布置。为了保证喷泉安全可靠运行，泵房内的各种管线应布置合理、调控有

效、操作方便、易于管理。

（4）管线系统布置

一般泵房管线系统布置中与水泵相连接的管道有吸水管和出水管。

（5）需要注意的几个问题

① 水泵进、出水管管径的确定。水泵在运行时，其进、出口处流速较快，可达到3～4m/s。由于管道的阻力与流速的平方成正比，因此流速越快，阻力越大。如果进、出水管的管径与水泵的口径相同，由于流速较快，势必造成较大的阻力，从而降低供水的稳定性。为此，应将进、出水管的管径加大，一般采用渐扩形式，以降低流速、减少阻力，使水流平稳。实践证明，进水管的流速不宜超过2.0m/s，出水管的流速不宜超过3.0m/s。

② 水泵与进出管的过渡。当管径大于水泵口径时，需在进、出口处配置渐变管，使水泵与进出管有过渡连接。渐变管长度可视其大小头直径差确定，一般取差数的7倍可满足要求。

③ 泵房用电要注意安全。开关箱和控制板的安装应符合规定。对于地下式泵房，要注意机房排水、通风，泵房内应配备灭火器等灭火设备。

3. 阀门井

① 给水阀门井。喷泉用水一般由自来水供给。当水源引入喷泉附近时，应在给水管道上设置给水阀门井。给水阀门井内安装截止阀控制，根据给水需要，可随时开启和关闭，便于操作。给水阀门井一般为砖砌圆形，由井底、井身和井盖组成。井底一般采用C10混凝土垫层，井底内径不小于1.2m（考虑下人操作）；井身采用MU10红砖和M5水泥砂浆砌筑，井深不小于1.8m（考虑人员站立高度），井壁应逐渐向上收拢，且一侧应为直壁，便于设置铁爬梯上下。有地下水浸入时，应做防水处理。井口为圆形，直径为600mm或700mm。井口部位采用成品铸铁井盖（含井座）。

② 排水阀门井。排水阀门井的作用是连接由水池引出的泄水管和溢水管在井内交汇，然后排入排水管网。为了便于控制，在泄水管道上应安装闸阀，溢水管应接于阀后，确保溢水管通畅。

四、彩色喷泉的灯光设置

1. 喷泉照明的特点、种类

（1）喷泉照明的特点

喷泉照明具有与一般照明不同的特点。一般照明旨在夜间创造明亮的环境，而喷泉照明则旨在突出水花的优美姿态。因此，喷泉照明要求比周围环境更高的亮度，并且被照亮的对象是透明无色的水。为了达到艺术效果，需要运用不同的灯具光分布和构图，创造出独特的视觉效果，营造出明朗愉快的氛围，供人们欣赏。

（2）喷泉照明的种类

① 固定照明。在距喷水口一定距离处装设固定探照灯，形成光照水柱的效果。

② 闪光照明和调光照明。这是由几种彩色照明灯组成的，它可通过闪光或使灯光慢慢变化亮度以求得适应喷泉的色彩变化。

③ 水上照明与水下照明。水上照明和水下照明各有优缺点，对于大型喷泉往往是两者并用。通过水下照明可以欣赏水面波纹，并且由于光是从喷水下面照射的，因此当水

花下落时，可以映出闪烁的光。

2. 安装位置

为了在喷泉照明中实现华丽的艺术效果，并且避免眩目，布光技巧至关重要。照明灯具的位置通常位于水面下 5～10cm 处。在喷嘴附近，照射目标可以是喷水前高度的(1/5)～(1/4) 以上的水柱，或者是喷水下落到水面稍上部位的位置。如果喷泉周围的建筑物、树丛等背景较暗，那么喷泉水花的轮廓将被清晰地照亮。这种布光手法能够确保喷泉照明效果的科学性和准确性。

【拓展训练】

① 简述水池施工中伸缩缝、沉降缝及泄水孔的处理方法。
② 水池施工中如何防漏、防冻？
③ 到现场参观某水景工程，提交施工方案一份。
④ 以小组为单位现场进行某喷泉水池施工，每组操作面积 3～5m^2。

扩展阅读

中国古典园林中的声音与水景

在中国古典园林中，水声景点常借助地形高差、山石堆叠或者天然山泉产生声音，分为流水、跌水、泉水等类型。常采用植物、山石、墙体、水体等要素对水声景点进行不同程度的围合，也大多选用亭来作为欣赏水声的地点。

“水激万壑雷，风入松涛死”“石激出淙乳，俨中宫商音”，造园家也一直利用水体丰富可变的形式来营造出多样的声音效果。水声的运用不仅丰富了景观体验，让其更加立体、生动、饱满；还可通过调节水流的高低缓急产生不同音调、声压级的水声，从而帮助观者感知空间氛围。除此之外，通过采用“未见水景而先闻水声”的手法，使得水声在空间营造上具有引导提示的作用，激发游者好奇心，指引其循声游至景点。另外，水声还寄托了情感，左思《招隐诗》中写道“何必丝与竹，山水有清音”，将水声比作乐声，使园林意境更加悠远，让人们无纷扰地融于自然山水之中。

任务二 驳岸施工

沿河地面以下，保护河岸（阻止河岸崩塌或冲刷）的构筑物称为驳岸（护坡）。景观中，驳岸按断面形状可分为规则式（整形式）和自然式两类。对于大型水体和风浪大、水位变化大的水体，以及基本上是规则式布局的景观中的水体，常采用整形式直驳岸，用石料、砖或混凝土等砌筑整形岸壁。对于小型水体和大型水体的小局部，以及自然式布局景观中水位稳定的水体，常采用自然式山石驳岸或有植被的缓坡驳岸。自然式山石驳岸可做成岩、矶、崖、岫等形状，采取上伸下收、平挑高悬等形式。A小区沿河道区域采用的是规则式驳岸形式，以此为例讲述工作流程与操作步骤。

【工作流程】

测量→围堰施工→土方开挖→碎石垫层及混凝土基础施工→挡墙砌筑→回填土方→验收。

【操作步骤】

步骤一：测量

① 开工前请设计单位进行现场测量交底，按设计图认清水准基点、导线桩，采取必要的保护措施，以免由于施工不慎遭损坏。

② 测量原地面、纵横断面并与设计图进行比较，核对土方数量，弄清沿线缺土、余土、借土和弃土的地段及数量，以便土方平衡和调度。

③ 了解现场给水、供电情况，绘制总平面图，以备申请临时占地进而满足施工总平面布置需要。

步骤二：围堰施工

本标段考虑采用土草坝围堰，坝顶宽度1.6m，坝外坡1∶1，内坡1∶0.5，坝顶比施工期间最高水位高出0.5m。堆码在水中的土袋，上下层和内外层应相互错缝，堆码整齐。草袋围堰筑好后即可排水。

步骤三：土方开挖

开挖前首先将坝内水排干，然后分层平均下挖，保持无水作业。

开挖完成后立即组织业主、监理、勘察等有关部门进行检验，确定是否可以进行下道工序，检验合格后方可继续施工。

土方开挖过程中应注意的事项：

① 坑壁边缘应留有护道，静荷载距坑边缘不小于0.5m，动荷载距坑边缘不小于1.0m；

② 应经常注意观察坑边缘顶面土有无裂缝，坑壁有无松散塌落现象发生，以确保施工安全；

③ 挖土时应自上而下分层开挖，严禁掏洞取土，以保证施工安全；

④ 土方堆置应距坑边1.0m以上，堆置高度不宜超过1.5m，其余位置高度不超过3.5m。

修坡方法如下。

① 机械开挖至接近边坡边界时，应预留0.2～0.4m厚土层，由人工开挖，进行修坡。

② 基坑的边坡一般宜按深度分为几个阶段修坡。开始时按坡度大致开挖，挖至1.0m左右时，按坡度要求，沿高度方向每隔3.0m左右修一条坡线，用坡度尺找正。然

后依此线初步修坡，向下再挖至相同深度后，仍按上述方法操作，直到挖至要求的深度后，再统一最终修坡。

③ 对修好的边坡应妥善加以保护。

④ 边坡坡面上如有局部渗出地下水时，应在渗水处设置过滤层，防止土料流失，并在边坡上设置2～3层排水沟，分层将水引出坡面。

步骤四：碎石垫层及混凝土基础施工

1. 工艺流程

① 碎石垫层：清理基土→钉水平标桩→碎石铺设→夯实→验收。

② 混凝土基础：弹线、支模→验模→混凝土拌制、运输→混凝土浇筑→混凝土保养→混凝土验收。

2. 混凝土基础施工要点

（1）模板工程

A小区工程基础模板全部采用组合钢模板，支承系统采用普通钢管扣件。支模板前应熟悉设计图纸及本工程施工顺序、混凝土浇筑次序、所用的施工机具、施工工艺与现场环境等详细情况。

组合钢模板的设计应根据模数进行配板，以构建适用于所需形状的大面积模板或整体模板。由于钢模板需要重复使用，因此模板的表面应始终保持平整，形状准确，不漏浆，不变形，并具有足够的强度和刚度。安装完成后，模板应保持正确的位置和准确的尺寸。如果发现超出允许偏差或变形的情况，应及时进行修理和纠正。

在设计中，预留的孔洞不能遗漏，安装时必须使用样板进行牢固固定，并确保位置准确，符合允许的误差要求。基础模板属于非承重的侧模板，在混凝土强度能够保证其表面和棱角不会因为拆模而受损时才能进行拆除。一般来说，当混凝土抗压强度达到2.5MPa以上时，才可以拆除侧模板。

（2）混凝土工程

① 混凝土所用的各项主要材料应符合相应的国家标准和合理的设计配合比。

a. 水泥：应附有制造厂的水泥品质试验报告等合格文件，应按其品种、标号、证明文件以及出厂时间等情况进行分批检验。

b. 细集料：应选用级配合理、质地坚硬、洁净、不含杂质的河砂。

c. 粗集料：应选用合理级配、质地坚硬、清洁，针状、片状含量不大于10%，含泥量不超过1%的碎石。

d. 水：必须清洁，含有酸、盐类、油脂等有害杂质和pH值小于4，以及硫酸盐含量超过水重1%的水不能使用。

② 混凝土搅拌时，为保证配合比准确，所有材料均按质量比配料，并应经常检查各种衡器，使其准确无误，且混凝土拌制时间不少于1.5min。

③ 混凝土的运输应能适应混凝土凝结速度和浇筑速度的需要，使浇筑工作不间断并使混凝土运到浇筑地点时仍保持均匀性和规定的坍落度。

④ 混凝土浇筑前应按规定详细检查模板、支架、预留孔、钢筋布置等，并进行隐蔽工程的验收工作，且应将模板内木屑、泥土和钢筋上的油污、杂物等清除干净。

⑤ 混凝土运至浇筑地点后，如不能直接入模，则应倾卸在铁板上，然后用铁锹装入模内摊平，再进行振捣。使用振捣器时，应分步分层振捣，对无法使用振捣器的部位，才允许采用人工插捣。

⑥ 在倾斜面上浇筑混凝土时，应从低处开始，使浇筑的混凝土保持水平，逐渐向上浇筑，浇筑混凝土过程中按设计要求布置石笋。

⑦ 混凝土浇筑完毕，应在定浆后 12h 以内进行覆盖和洒水养护，洒水时间一般不得少于 7 天，每天洒水次数以能保持混凝土表面经常处于湿润状态为度。

⑧ 混凝土强度未达到 2.5MPa 前，不得使其承受行人、运输工具、模板支架和脚手架等的荷载。

⑨ 浇筑混凝土时按规定做好混凝土试块，并按规定进行养护。

步骤五：挡墙砌筑

1. 工艺流程

放线立样架、挂线→ 砂浆拌制、运输→ 砌筑挡墙、镶面石→砌体养护→ 验收。

2. 材料要求

（1）石料

① 质地均匀，无裂缝，不易风化。

② 石料强度不小于 30MPa 或不小于设计要求，山皮石不能使用。

③ 形状宜为大致方正，上下面大致平整，一般不需加工或稍加修整，厚度不小于 20cm，长度为厚度的 1.5 倍。

（2）砂浆

① 符合设计规定的强度（M7.5）。

② 有良好的保水性和一定的稠度。

③ 配合比准确、拌和均匀、色泽一致。

④ 砌筑砂浆应具有适当的和易性与稠度，以保证缝隙填满压实，砌体胶结牢固，对于吸水率较大的石料，宜选用较大稠度，可选择沉入度 5～7cm。也可采用直观检查法，砂浆稠度控制在：用手捏成小团，松手后不会松散，但不能由灰刀上流下为度。

⑤ 搅拌砂浆时，必须保证其成分、颜色和塑性的均匀一致。若大量拌制砂浆，应使用搅拌机，搅拌时间自投料完毕算起，不得少于 1.5min。

3. 砌筑要求

砌筑前，应进行准确定位放线，且应每隔 20m 立一个样架，并拉好样线。将石料上的泥土垢冲洗干净，砌筑时保持砌石表面湿润。

应采用座浆法分层砌筑，铺浆厚度宜为 3～5cm，随铺浆随砌石，砌缝需用砂浆填充饱满，不得无浆直接贴靠，砌缝内砂浆应采用扁铁插捣密实，严禁先堆砌石块再用砂浆灌缝。上下层砌石应错缝砌筑，砌体外露面应平整美观，外露面上的砌缝应预留约 4cm 深的空隙，以备勾缝处理，水平缝宽应不大于 2.5cm，竖缝宽应不大于 4cm。

砌筑因故停顿，砂浆已超过初凝时间的，应待砂浆强度达到 2.5MPa 后才可继续施工。在继续砌筑前，应将原砌体表面的浮渣清除，砌筑时避免振动下层砌体。

砂浆配合比、工作性能等，应按设计标号通过试验确定，施工中应在砌筑现场随机制取试件。

片石尺寸应尽可能选择大的，砌筑时砌体下部宜选用较大的石块，转角及外边缘处应用较大及较方正的石块。片石应分层砌筑，宜以2～3层石块组成一个工作层，每个工作层的水平缝应大致找平，竖缝应错开，不得贯通。

砌第一层毛石时，选择大块平整的石料干砌，用小石块填塞空隙并灌入稀砂浆，填满空隙后，即分层向上平砌。砌筑工作应自最外边开始，在砌筑外边时应选择有平面的石块，使砌体表面整齐，不得用小石块镶垫。砌体中的石块应大小搭配，相互错叠、咬接密实，较大石块应宽面朝下，所有石块之间均应用砂浆隔开，不得直接接触，砌筑时严禁采用先干砌后灌浆的方法，石块间均用砂浆填满，不得留有任何空隙。

为节约水泥，应备有足够的各种小石块供挤浆填缝用，挤浆时可用小锤将小石块轻轻敲入较大空隙中使其紧密。

砌筑驳岸墙时必须设置拉结石，拉结石应均匀分布，相互错开，一般每0.7m^2墙面至少设置一块，拉结石的长度应为满墙，且上下皮错开，形成梅花形。在新砌而尚未完全凝固的砌层上避免碰撞，并禁止向其上掷抛片石，或凿打片石。在砌筑过程中或砌完后，砌体上应盖以草袋或草帘子，并洒水润湿养护，洒水养护时间不得少于5天。

4. 沉降缝

按设计要求设置施工沉降缝。

步骤六：回填土方

在砌筑砂浆强度达到70%以上后，可以开始进行土方的回填工作。清除驳岸表面的乳皮、粉尘和油污等杂物，并排除积水。土方回填必须按照分层的方式进行，并进行碾压以达到密实度要求，压实度必须达到90%以上。每层回填的厚度不得超过30cm，而每层的压实厚度则不得超过20cm。

对于墙背回填土，应使用电动夯实机进行夯实；而对于驳岸回填土，则应采用轻型压路机进行碾压。在作业过程中，应确保分层统一铺土、统一碾压，并且相邻作业面的回填应均衡上升。

【知识链接】

一、驳岸的结构形式

景观中使用的驳岸形式主要以重力式结构为主。重力式驳岸主要依靠墙身自重来保证岸壁稳定，抵抗墙背土压力。重力式驳岸按其墙身结构分为整体式、方块式、扶壁式；按其所用材料分为浆砌块石、混凝土及钢筋混凝土结构等。

由于景观中驳岸高度一般不超过2.5m，因此可以根据经验数据来确定各部分的构造尺寸，从而省去繁杂的结构计算。景观驳岸的结构示意见图5-5。景观驳岸的构造及名称如下。

① 压顶。驳岸的顶端结构，一般向水面有所悬挑。

② 墙身。驳岸主体，常用材料为混凝土、毛石、砖等，有时用木板、毛竹板等作为临时性的驳岸材料。

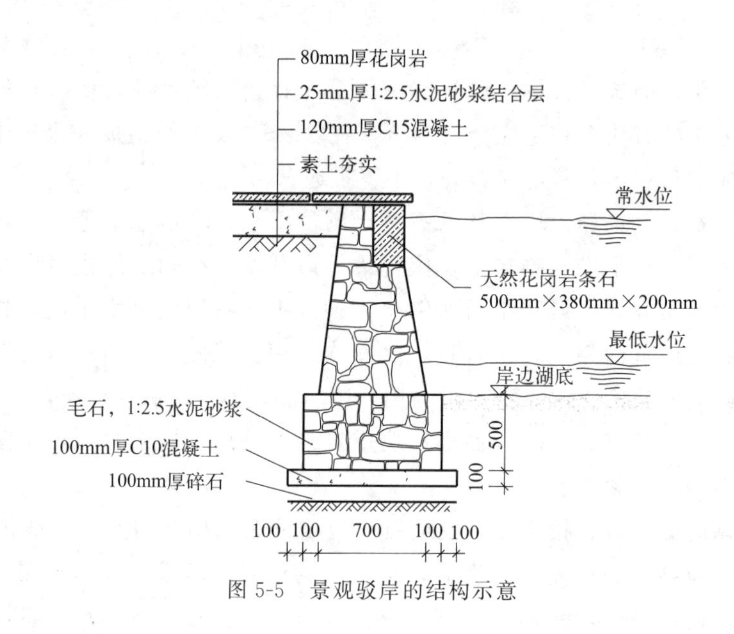

图 5-5　景观驳岸的结构示意

③ 基础。驳岸的底层结构，作为承重部分，厚度常为 400mm，宽度为高度的 0.6～0.8 倍。

④ 垫层。基础的下层，常用矿渣、碎石、碎砖等整平地坪，以保证基础与土层均匀接触。

⑤ 基础。桩增加驳岸的稳定性，是防止驳岸滑移或倒塌的有效措施，同时也具有加强土基承载能力的作用。材料可以用木桩、灰土桩等。

⑥ 沉降缝。由于墙高不等、墙后土压力不同、地基沉降不均匀等因素而必须考虑设置的断裂缝。

⑦ 伸缩缝。避免因温度等变化引起破裂而设置的缝。一般 10～25m 设置一道，宽度一般采用 10～20mm，有时也兼作沉降缝用。

二、破坏驳岸的主要因素

驳岸可以分成湖底以下基础部分、常水位以下部分、常水位与最高水位之间的部分和不淹没的部分，不同部分其破坏的因素不同。驳岸湖底以下基础部分的破坏原因包括以下几点。

① 不均匀沉降使驳岸出现纵向裂缝甚至局部塌陷。

② 在寒冷地区水不太深的情况下，可能由于冻胀而引起基础变形。

③ 木桩做的桩基因受腐蚀或生物性破坏而朽烂。

④ 在地下水位很高的地区会产生浮托力，影响基础的稳定。

常水位以下的部分常年被水淹没，其主要破坏因素是水浸渗。在我国北方寒冷地区，水渗入驳岸内再冻胀，易使驳岸胀裂或造成驳岸倾斜、位移。不淹没部分的岸壁又是排水管道的出口，如安排不当，亦会影响驳岸的稳固。对于常水位至最高水位，这部分经受周期性的淹没。如果水位变化频繁，则对驳岸也形成冲刷腐蚀的破坏。

三、护坡其他类型

护坡是保护坡面、防止雨水径流冲刷及风浪拍击岸坡造成破坏的一种水工措施。自然的缓坡能产生自然亲水的效果。与驳岸的区别在于护坡没有驳岸那样近乎垂直的岸墙，而是在土坡上采用合适的方式直接铺筑各种材料。

① 编柳填石护坡。用柳枝编成 0.7m×0.9m 或 1.0m×1.0m 的方格，在方格中填石，其高度一般不超过 0.5m，方格的各边与防护堤的轴线成 45°角。柳条发芽后便成为较好的护坡设施，富有自然野趣。

② 铺石护坡。当坡岸较陡、风浪较大或因造景需要时可采用铺石护坡，即在整理好的岸坡上密铺石块，最好选用密度大、吸水率小的石块。石块的直径为 18～25cm，长宽比宜为 1∶2。

铺石护坡应有足够的透水性以减少土壤从护坡上面流失。因此，需在石块下面设倒滤层垫底（厚 10～25cm），并在护坡坡角设挡板。水的流速较慢时，可用砾石或直接用粗砂作为倒滤层。若流速较快，则应以碎石作为垫层。水深 2m 以上时，对于护坡被水淹没的部分可考虑采用双层铺石。此外，当护坡石块用砂浆勾缝时（干砌则不用），还需要设置伸缩缝和泄水孔。伸缩缝间距 20～25m，泄水孔间距 5～20m。

③ 草皮护坡。适用于坡度为 1∶(5～20) 的湖岸缓坡，可用假俭草、狗牙根等。

④ 灌木护坡。适用于大水面、平缓的坡岸，可用沼生植物。

⑤ 台阶式护坡。在亲水性景观设计中经常运用。水的深浅设计都应满足人的亲水性要求。台阶尽可能贴近水面，以人手能触摸到水为最佳。

⑥ 石笼护坡。石笼网也叫铅丝笼，是由金属线材编织的角形网（六角网）制成的网箱。在工程现场向石笼网内填充一定规格的、满足一定要求的石料，以形成自透水的、柔性的、生态的防护结构。

【拓展训练】

① 简述破坏驳岸的因素。

② 池底泵送混凝土浇筑时的注意事项有哪些?

③ 论述钢筋混凝土水池池底施工的工艺流程。

④ 提出自然水池的主要施工技术要点及注意事项。

扩展阅读

古今长江第一观景台——槐山矶驳岸

槐山矶驳岸位于湖北省武汉市，2013 年被列为国家重点文物保护单位。该驳岸是国内保存完好的古代大型水利航运建设工程之一，雄伟古朴，具有重要的艺术、历史和科学价值。

槐山矶驳岸长 247m，卧伏于湍急的槐山之下。从江面往上看，驳岸分为三层，总高大约 9m，依据山势地形而建立，每层平均高度约 3m。三层驳岸便是三级纤道，每一层纤道都宽阔而平坦。最顶层的纤道宽约 5m，犹如江边的一条石板小街，临江一侧还有 130 根瓜棱形顶望柱，129 块由花岗石雕成的栏板，163 块抱柱鼓石。整个驳岸构造精巧，气势磅礴，三级铺面石严重磨损，可见当时使用频繁，船只来往繁多。

如今，江水依旧和数百年前一样汹涌澎湃，而槐山矶驳岸经历数百年无情水浪的不断侵蚀，仍然像钢铁卫士一样站立在江边，令它真正成为举世瞩目的“古今长江第一观景台”。

项目六

景观建筑及小品施工

知识要求

① 了解景观亭的施工流程和施工工艺。
② 了解景墙的结构和施工方法。
③ 了解园桥的基础施工特点，并能制定施工方案以及施工顺序的安排。
④ 掌握不同材料景观小品的施工工艺及步骤。

技能要求

① 会查找和搜索与砌体材料相关的文献资料。
② 能识读景观建筑及小品的剖面图及结构图。
③ 会景观亭的施工方法。
④ 能进行简单景观建筑的放样。
⑤ 会景观小品工程的施工和装饰方法。

素质要求

① 培养对景观建筑小品材料分类整理的能力。
② 培养学生独立思考问题的能力。
③ 培养学生对景观建筑小品的审美意识。
④ 培养学生现场发现问题及解决问题的能力。

【项目学习引言】

居住小区中的景观建筑和小品种类繁多，它们的形制和功能各异，具有出色的艺术性和装饰性。这些景观建筑和小品常常成为居住小区视线的焦点及功能的核心，与周围环境相融合，使得居住小区的景观更加丰富多样。因此，景观建筑和小品在活跃居住小区的空间环境和环境景观的点缀方面起着非常重要的作用。

本项目重点介绍了景观亭、景墙、园桥以及景观小品的施工。以 A 小区工程案例为例，对涉及的景观建筑和小品施工工艺流程进行分析。在施工过程中，除了关注结构本身外，还需要合理结合现场条件进行必要的调整，优化设计方案，使施工工艺更符合实际情况，从而使景观建筑和小品更加精致，成为居住小区景观中的亮点。

任务一 景观亭施工

景观亭是一种供人休息和观景用的建筑，其风格根据整体环境来定，如欧式、中式或东南亚等风格形式。景观亭具有体积小、用料少、设计灵活、施工方便等特点，很适合景观布局的需要，可在半山上、临水处以及平地建亭。

在居住小区中，景观亭应结合居住小区的池塘、山石、溪涧、平地以及绿化环境综合考虑设计。景观亭的周围开阔，使人可以在其中休息、观景。景观亭既是居住小区景观的焦点，也是人们观赏小区内其他景观的重要节点。

【工作流程】

景观亭施工图分析→景观亭放样→基础施工→亭柱施工→亭顶施工。

【操作步骤】

步骤一：景观亭施工图分析

A 小区景观亭位于水池边，是居住小区休闲观景的好去处。主体采用混凝土结构，亭顶采用方钢管框架，留有玻璃窗。景观亭施工图主要包括平面图、立面图和剖面图，反映景观亭的结构，如图 6-1 所示。

认真分析施工图，对施工现场进行详细踏勘，做好施工准备。从景观亭施工图上反映出施工对象的尺寸及主要材料。亭底铺装采用花岗岩，柱体和亭顶采用钢木混合结构。应根据图纸和施工方案配备好施工技术人员、施工机械及施工工具，按计划购入施工材料。

步骤二：景观亭放样

在施工现场引进高程标准点后，撒石灰粉控制出景观亭基面界线，然后按照基面界线向外放宽后进行地形的平整。放线时注意区别桩的标志，如角桩、台阶起点桩、柱桩等。应用全站仪可实现自动测角、自动测距、自动计算和自动记录。

步骤三：基础施工

根据现场施工条件确定挖方方法，采用人工方式平整场地。场地平整时要注意基础厚度及加宽的要求。平整至设计标高后将土夯实，再在亭底周围铺设碎石垫层。景观亭采用钢筋混凝土条形基础，先在夯实的碎石层上浇灌混凝土垫层，浇完 1～2 天后在垫层

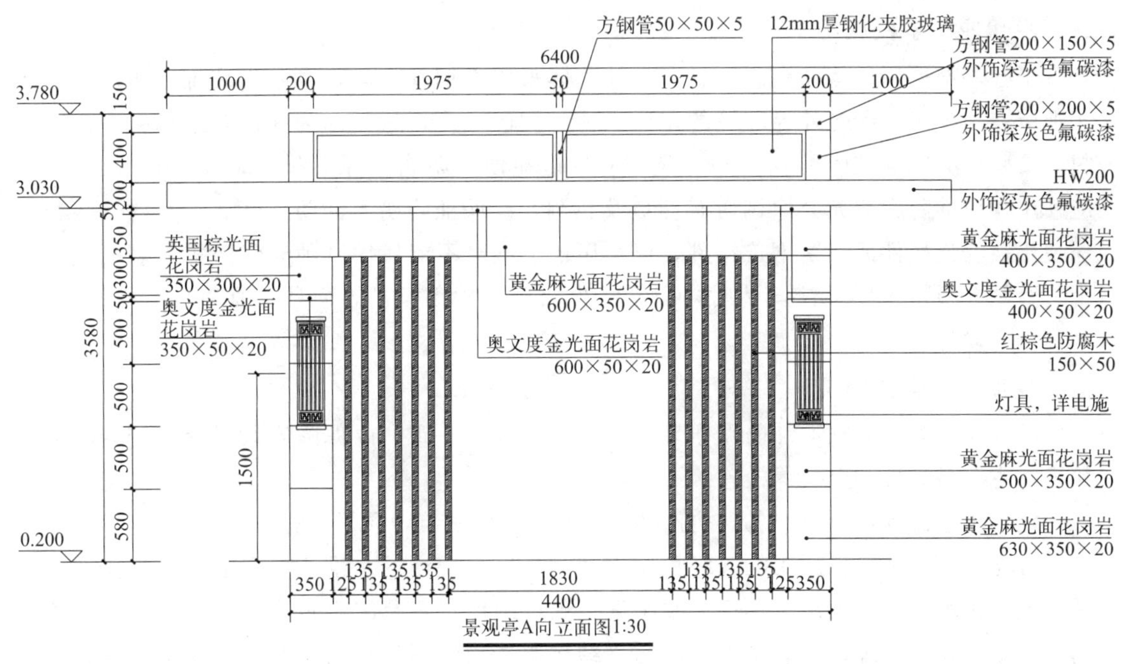

图 6-1　景观亭施工图

面测定底板中心，再根据设计尺寸进行放线，定出柱基以及底板的边界线，画出钢筋布线，依线绑扎钢筋，接着安装柱基和底板的模板。在绑扎钢筋时，检查钢筋是否符合设计要求，上下钢筋以铁撑加以固定，使之在浇捣过程中不发生变位。底板要一次浇完，不留施工缝。可用平板浇捣混凝土，也可采用插入振动方式。混凝土浇筑后要做好养护工作。基础保养 3～4 天后，方可进行亭柱施工。

用插入式振捣器时应快插慢拔，插点应均匀排列，逐点移动，顺序进行，不得遗漏，做到振捣密实。移动间距不大于振捣棒作用半径的 1.5 倍。振捣上一层时应插入下层 5cm，以清除两层间的接缝。平板振捣器的移动间距，应能保证振捣器的平板覆盖已振捣的边缘。浇筑混凝土时，应经常注意预埋件有无移动情况。当发现有变形、位移时，应立即停止浇筑，并及时处理好，再继续浇筑（图 6-2）。

图 6-2　插入式振捣

步骤四：亭柱施工

亭柱基部采用天然花岗岩石材，亭柱主体采用方钢管，以防腐木做装饰。防腐木施工前应在户外阴干到与外界环境的湿度大体相同的程度，这是因为使用含水量很大的木材，安装后会出现较大的变形和开裂。应尽可能使用防腐木原有尺寸，如需现场加工，应使用相应的防腐剂充分涂刷所有切口及孔洞，以保证防腐木的防腐性。所有的连接都应使用镀锌连接件或不锈钢连接件，以耐腐蚀，绝对不能使用其他未经防锈处理的金属件，否则会很快生锈。柱安装时，用托线板测垂直校正标高，使柱的垂直度、水平度、标高符合设计要求。

步骤五：亭顶施工

亭顶采用方钢管框架加防腐木装饰。木方要大小一致，以保障安装时受力均匀。连接方式主要是焊接和金属螺栓连接。

施工工艺流程：材料准备→构件加工制作→构件拼装→质量检查。

首先复验安装定位所用的轴线控制点和测量标高使用的水准点。再复验钢支座及支承系统的预埋件，其轴线、标高、水平度、预埋螺栓位置及露出长度等，超出允许偏差时，应做好技术处理。测量用钢尺应与钢结构制造用的钢尺校对，并取得计量法定单位的检定证明。

钢构焊接组拼环节，材料运至现场组装时，首先对钢构件进行除锈，除去钢构件上的油渍，涂防锈漆，距地 50mm 内不涂漆，安装后进行补漆。拼装平台应平整，组拼时应保证总长要求。焊接时，焊完一面检查合格后，再翻身焊另一面，做好施工记录。构件连接与固定环节中，构件安装采用焊接或螺栓连接的节点，需对其进行检查，合格后方能进行焊接或紧固。安装螺栓孔时不允许用气割扩孔，永久性螺栓不得垫两个以上垫圈，螺栓外露丝扣长度不少于 2～3 扣。安装定位焊缝不需承受荷载时，焊缝厚度不少于设计焊缝厚度的 2/3，且不大于 8mm，焊缝长度不宜小于 25mm，位置应在焊道内。安装焊缝全数进行外观检查，主要的焊缝应按设计要求用超声波探伤检查内在质量，上述检查均需做出记录。

【知识链接】

一、亭、台、楼、阁、榭、廊、轩、厢、舫、斋的区别

亭台楼阁是中国传统建筑的代表。它们可以矗立在巍巍群山之间，也可以俯瞰浩浩江湖，或者融入优美的园林景观，或者隐身于繁华的市井之中。无论其形式大小、位置如何，亭台楼阁都展现出浓厚的民族文化特色和地方风情。

作为中国独具诗情画意的文化景观建筑，亭台楼阁如今已成为热门的旅游景点，同时也承载着古代文人的情怀和思考。它们成为记录历史的符号，展示了中华民族的独特魅力。

“亭台楼阁”的叫法，是我国文字讲究对称，喜用偶字词，是文化上的中庸、平衡的习惯造成的。不能简单地把它们看成是四种建筑形式。亭、台、楼、阁、榭、廊、轩、厢、舫、斋等有什么区别呢？

1. 亭

亭，是园林中重要的点景建筑，多建于路旁或水旁，四周敞开，是一种中国传统的点式建筑，供行人停留、休息、乘凉或观景用，也用于典仪，出现于南北朝的中后期。

“亭者，停也。人所停集也。”亭在建筑形态上的特征是“有顶无墙”，是最古老的园林建筑形式之一。亭是高出地面而建的建筑物，是一种露天的、表面比较平整的、开放性的建筑。多用竹、木、石等材料建成，平面一般为圆形、方形、六角形、八角形和扇形等，顶部则以单檐、重檐、攒尖顶为多。按其所处的位置分有桥亭、路亭、井亭、廊亭等。大型的亭可以做得雄伟壮观，小型的亭可以做得轻巧雅致。亭的不同形式，可以产生不同的艺术效果。

2. 台

“台，观四方而高者。”台的本义指用土筑成的方形的高而平的建筑物，是一种露天的、表面比较平整的、开放性的建筑。台是最古老的园林建筑形式之一，台上可以有建筑，也可以没有建筑。规模较大、较高者便叫坛。台可以供人们休息、观望、娱乐，也可以修建建筑，以台为基础的建筑显得雄伟高大。

3. 楼

所谓的“楼”，是指两层以上的大型建筑物，是很多层的屋子，在古代称为重屋，在建筑群中处于重要位置，如佛寺中的藏经楼，王府中的后楼、厢楼等，一般处于建筑群中的最后一列，或左右厢位置。

“楼，重屋也。”楼在园林中一般用作卧室、书房或用来观赏风景。有些楼因为足够高，也常常成为园中的一景。黄鹤楼因为脍炙人口的诗句而闻名于众：“昔人已乘黄鹤去，此地空余黄鹤楼。”

4. 阁

阁与楼似乎总是连着出现的。阁与楼近似，体量较小巧，可以看作架空小楼。其特点是通常四周设隔扇或栏杆回廊，供远眺、游憩、藏书和供佛之用。

作为古代一种特有的建筑形式，“阁”最初指的是阁板。后来，阁成为与楼相对应的架空小楼。阁多为四边形或多边形，周围雕栏回廊，作藏书、游园、远眺之用。在南方，楼上的小房间也被称为阁。古代有些女子居住的场所亦有“阁”之称，因而，女子出嫁有“出阁”的说法。

5. 榭

建在高土台上或临水或局部或全部建筑于水上的建筑，其台上的木结构建筑叫榭，特点是只有楹柱花窗，没有墙壁。临水者叫水榭，用以休憩和观赏水景。榭不但多设于水边，而且多设于水之南岸，视线向北而观景。建筑在南，水面在北，所见之景是向阳的。

6. 廊

廊，原指房檐下的过道，后演变成多种形式，如长廊、短廊、回廊、飞廊、半壁廊等。

廊通常布置在两个建筑物或观赏点之间，具有遮风避雨、联系交通等实用功能，也便于人们在游走过程中观赏景物。而且对园林中风景的展开和层次的组织有重要作用。

从剖面的形式看，廊可以分为四种类型：双面空廊（两边通透）、单面空廊、复廊（在双面空廊的中间加一道墙）、双层廊（上下两层）。从整体造型及所处位置来看，又可以分直廊、曲廊、回廊、爬山廊和桥廊等。

7. 轩

轩，古意为有窗的长廊或小屋。多为高而敞的建筑，但体量不大。轩的类型也较多，形状各异，如同宽的廊，是一种点缀性的建筑。造园者在布局时要考虑到何处设轩，它非主体，但要有一定的视觉感染力，可以看作是“引景”之物。其四面皆可观景，独特的设计使其别具趣味。

8. 厢

厢，古汉语中又写作“箱”。据汉代的资料显示，古人在堂室外还筑有一道墙。其中，北半部分，即房与墙之间的间隔称为东夹西夹，南半部分称为东堂西堂，也叫东箱西箱。有一种观点认为，箱指的是君王办公的正室东西方向的屋子。后来，人们将南北向分布的正房两侧的房子通称为“厢房”。

9. 舫

舫又叫“不系舟”，是仿照船的造型，在园林的水面上建造起来的一种船形建筑物。似船而不能划动，故而称为“不系舟”。舫大多三面临水，一面与陆地相连。

10. 斋

古代的斋室一般指的是书房和学校。斋，常含清心雅静、读书思过之意。

二、亭的基本构造

亭一般由亭顶、亭柱和亭身、台基（亭基）三部分组成。

1. 亭顶

亭的顶部梁架可用木材制作，也可用钢筋混凝土或金属铁架等制作。亭顶一般分为平顶和尖顶两类。形状有方形、圆形、多角形、仿生形、十字形和不规则形等。顶盖的材料则可用瓦片、稻草、茅草、树皮、木板、树叶、竹片、柏油纸、石棉瓦、塑胶片、铝片、铁皮等。

2. 亭柱和亭身

亭身是亭子的主体部分，包括墙体和柱子。不同地区和时期的亭子风格迥异，但它们都具有自己的特点。亭子的墙体分为实墙和空墙两种，实墙是由砖、石等材料砌成的墙体，空墙则是由柱子和栏杆组成的护栏，两者常常交替使用，形成了亭子的特殊风格。亭子的柱子也是亭身的重要组成部分，常常采用方形、圆形和八角形等形式。柱子的上端则通常是华丽的装饰，如梁架、梁板、龙头等，还有很高的艺术价值。亭子的亭身是亭子的主体部分，具有很高的艺术价值。亭柱的结构因材料而异。制作亭柱的材料有钢筋混凝土、石料、砖、木材、竹竿、钢木等。亭身大多开敞通透，置身其间有良好的视野，便于眺望、观赏。

3. 台基（亭基）

台基（亭基）多以混凝土为材料。若地上部分的负荷较重，则需加钢筋、地梁；若地上部分负荷较轻，如用竹柱、木柱盖以稻草的亭，则仅在亭柱部分掘穴，以混凝土做基础即可。

三、其他类型亭的施工

1. 混凝土亭施工

（1）施工准备工作

根据施工方案配备好施工技术人员、施工机械及施工工具，按计划购入施工材料。认真分析施工图，对施工现场进行详细勘察，做好施工准备。

（2）施工放线

在施工现场引进高程标准点后，用方格网控制出建筑基面界线，然后按照基面界线外边各加1～2m放出施工土方开挖线。放线时注意区别桩的标志，如角桩、台阶起点桩、柱桩等。

（3）地基、基础施工

根据现场施工条件确定挖方方法，可用人工挖方，也可用人工结合机械挖方。开挖时要注意基础厚度及加宽的要求。景亭一般用混凝土基础较多，做混凝土基础时先在夯实的碎石层上浇筑混凝土垫层，浇完1～2天后在垫层面测定底板中心，再根据设计尺寸进行放线，定出柱基以及底板的边界线，画出钢筋布线，依线绑扎钢筋，接着安装柱基和底板的模板。

（4）柱身的施工

亭柱一般为方柱和圆柱。对于方柱，一般采用木模法进行施工，先按设计规格将模板钉好，然后现浇混凝土，一次性浇完。浇筑混凝土时要将模板内全部浇满。对于圆柱，较多采用定型钢模板进行施工。采用其浇筑的混凝土柱子使用效果好，能达到清水混凝土的效果。在剪力墙结构的转角柱中，模板呈异型，加固连接较为困难，钢模板此时有较大的优势。定型钢模板在模板厂进行专门的拼装式设计和制作，在现场进行安装。圆柱模板进场后为避免混淆误用，一般用醒目字体对模板进行编号，安装时对号入座。

钢模板安装前根据测放出的纵横主轴线、圆柱十字轴线并结合模板直径的实际情况，在已施工好的结构板面上弹放模板矩形控制线，每侧宽出圆柱模板外边缘20cm，以便检查校验圆柱模板。在模板矩形控制线弹设完毕后，项目部需派专人进行验线，用90°夹角法校验模板控制线的方正，用钢卷尺检查平面尺寸误差应小于3mm。

定型高强塑料模板是这些年发展起来的新型模板，其重量轻、操作简单、造价较低、周转次数多。由于其良好的可塑性，慢慢开始应用在构造较为复杂的仿古建筑中，在节点处的实施效果较好。但定型高强塑料模板由于热胀冷缩受外界环境影响比钢模板要明显，建议工程中小木作建筑采用。

无论哪种方法施工，固定模板前都要在内侧涂刷脱模剂。混凝土保养5～7天后可脱模。

（5）亭顶的施工方法

亭顶可分预制和现浇两种。亭顶梁架构成多用仿抹角梁法、井字交叉梁法和框圈法。亭顶多采用琉璃瓦或油毡瓦屋面。顶部采用水泥混合砂浆（掺和料为黏土膏，因黏土膏材质与琉璃瓦相同，更能减少由收缩引起琉璃瓦龟裂的现象）作为卧瓦层。对于30°以下坡屋面，直接采用水泥∶砂∶黏土膏＝1∶6.83∶0.659的水泥混合砂浆卧瓦；对于30°

以上坡屋面，在基层施工时预埋钢丝挂瓦条与瓦件绑扎，然后再用水泥混合砂浆卧瓦。施工完后的琉璃瓦屋面拼接紧凑，搭接严密，屋脊、檐沟顺直，屋面防水效果好，成型后的观感质量很好。

2. 钢亭施工

(1) 工艺流程

清场→基坑开挖→基础工程→钢构件焊接→除锈→金属饰面。

(2) 各分部分项工程施工要点

该工程与木质构件有些相同，在此只介绍与之前不同的部分。

① 焊接的工艺流程：作业准备→电弧焊接（平焊、立焊、横焊、仰焊）→焊缝检查。

a. 选择合适的焊接工艺以及焊条直径、焊接电流、焊接速度、焊接电弧长度等，通过焊接工艺试验验证。

b. 焊前检查坡口、组装间隙是否符合要求，定位焊是否牢固，焊缝周围不得有油污、锈物。

c. 烘焙焊条应符合规定的温度与时间，从烘箱中取出的焊条，放在焊条保温桶内，随用随取。

d. 根据焊件厚度、焊接层次、焊条型号、直径、焊工熟练程度等因素，选择适宜的焊接电流。

② 涂装工艺。钢结构亭工程的涂料涂装应在钢结构安装验收合格后进行。涂料涂刷前，应将需涂装部位的铁锈、焊缝药皮、焊接飞溅物、油污、尘土等杂物清理干净。为了保证涂装质量，应根据不同需要进行除锈。

a. 底漆涂装。调和红丹防锈漆，控制涂料的黏度、稠度，兑制时应充分搅拌，使涂料色泽、黏度均匀一致。

刷第一层底漆时，涂刷方向应该一致，接槎整齐。刷漆时应采用勤蘸、短刷的原则，防止刷子带漆太多而流坠。待第一遍刷完后，应保持一定的时间间隔，防止第一遍未干就上第二遍，这样会使漆液流坠发皱，质量下降。待第一遍干燥后，再刷第二遍。第二遍涂刷方向应与第一遍涂刷方向垂直，这样会使漆膜厚度均匀一致。底漆涂装后至少需4～8h才能达到表干，表干前不应涂装面漆。

b. 面漆涂装。建筑钢结构涂装底漆与面漆一般中间间隔时间较长。钢构件涂装防锈漆后送到工地去组装，组装结束后才统一涂装面漆。这样在涂装面漆前需对钢结构表面进行清理，清除焊药；对掉漆的构件，还应事先补漆。喷涂时应选择颜色完全一致的面漆，兑制的稀料应合适。面漆使用前应充分搅拌，保持色泽均匀。其工作黏度、稠度应保证涂装时不流坠，不显刷纹。

面漆在使用过程中应不断搅和，涂刷的方法和方向与上述底漆工艺相同。涂装工艺采用喷涂施工时，应调整好喷嘴口径、喷涂压力。喷枪胶管能自由拉伸到作业区域，空气压缩机气压应为0.4～0.7MPa。喷涂时应保持好喷嘴与涂层的距离，一般喷枪与作业面距离在100mm左右，喷枪与钢结构基面角度应该保持垂直，或喷嘴略微上倾。喷涂时喷嘴应该平行移动，移动时应平稳，速度一致，以保持涂层均匀。但是采用喷涂时，一般涂层厚度较薄，故应多喷几遍，每层喷涂时应待上层漆膜已经干燥后进行。

c. 涂层检查与验收。表面涂装施工时和施工后，应对涂装过的工件进行保护，防止飞扬尘土和其他杂物。涂装后的检查标准，应该是涂层颜色一致，色泽鲜明光亮，不起皱皮，不起疙瘩。涂装漆膜厚度，用触点式漆膜测厚仪测定，漆膜测厚仪一般测定三点厚度，取其平均值。

（3）成品保护

① 焊后不准撞砸接头，不准往刚焊完的钢材上浇水。

② 不准随意在焊缝外母材上引弧。

③ 各种构件校正好之后方可施焊，并不得随意移动垫铁和卡具，以防造成构件尺寸偏差。隐蔽部位的焊缝必须办理完隐蔽验收手续后，方可进行下道隐蔽工序。

④ 钢构件涂装后应加以临时围护隔离，防止损伤涂层。

⑤ 钢构件涂装后，在4h之内如有大风或下雨，应加以覆盖，防止沾染尘土和水汽，影响涂层的附着力。

⑥ 涂装后的钢构件勿接触酸类液体，防止损坏涂层。

（4）应注意的质量问题

① 尺寸超出允许偏差。对焊缝长度、宽度、厚度不足，中心线偏移，弯折等偏差，应严格控制焊接部位的相对位置尺寸，合格后方准焊接，焊接时精心操作。

② 焊缝裂纹。为防止裂纹产生，应选择适合的焊接工艺参数和施焊程序，避免用大电流，不要突然熄火，焊缝接头应搭10～15mm，焊接中不允许移动、敲击焊件。

③ 表面气孔。焊条按规定的温度和时间进行烘焙，焊接区域必须清理干净，焊接过程中选择适当的焊接电流，降低焊接速度，使熔池中的气体完全逸出。

④ 焊缝夹渣。采用多层施焊时应层层将焊渣清除干净，操作中应运条正确，弧长适当。注意熔渣的流动方向。

⑤ 涂层作业气温应在5～38℃之间为宜，当气温高于40℃时，应停止涂层作业。因为当构件温度超过40℃时，在钢材表面涂刷的涂料会产生气泡，降低漆膜的附着力。

⑥ 当空气相对湿度大于85%或构件表面有结露时，不宜进行涂层作业。

⑦ 钢构件制作前，应对构件隐蔽部位、结构夹层等难以除锈的部位提前除锈、提前涂刷。

3. 防腐木亭施工

（1）基础做法

工艺流程：素土夯实→碎石回填→混凝土基层。

① 素土夯实：a. 基础开挖时，若采用机械开挖，应预留10～20cm的余土使用人工挖掘；b. 当挖掘过深时，不能用土回填；c. 当挖土达到设计标高后，可用打夯机进行素土夯实，达到设计要求的素土夯实密实度。

② 碎石回填：a. 采用人工和机械结合施工，自卸汽车运碎石，再用人工回填平整；b. 在铺筑碎石前，应将周边的浮土、杂物全部清除，并洒水湿润；c. 摊铺碎石时无明显离析现象，或采用细集料做嵌缝处理。经过平整和整修后，人工压实，达到要求的密实度。

③ 混凝土基层：a. 混凝土的下料口距离所浇筑的混凝土表面高度不得超过2m；

b. 混凝土的浇筑应分层连续进行，一般分层厚度为振捣器作用部分长度的 1.25 倍，最大不超过 50cm；c. 采用插入式振捣器时应快插慢拔，插点应均匀排列，逐点移动，顺序进行，不得遗漏，做到振捣密实；d. 浇筑混凝土时，应经常注意观察模板有无走动情况，当发现有变形、位移时，应立即停止浇筑，并及时处理好，再继续浇筑；e. 混凝土振捣密实后，表面应用木抹子搓平；f. 混凝土浇筑完毕后，应在 12h 内加以覆盖和浇水，浇水次数应能保持混凝土有足够的润湿状态。养护期一般不少于 7 昼夜。

素混凝土条形基础的制作步骤如下。

① 垫层达到一定强度后，在其上画线、支模。

② 在浇筑混凝土前，模板和钢筋上的垃圾、泥土、油污等杂物，应清除干净。模板应浇水加以润湿。

③ 浇筑现浇柱下基础时，应特别注意柱子插筋位置的正确，防止发生位移和倾斜。在浇筑开始时，先满铺一层 5～10cm 厚的混凝土，并捣实，使柱子插筋下段和钢筋片的位置基本固定，然后对称浇筑。

④ 基础混凝土宜分支连续浇筑完成。

⑤ 基础上有插筋时，要加以固定，保证插筋位置正确，防止浇筑混凝土时发生移位。

⑥ 混凝土浇筑完毕，外露表面应覆盖并浇水养护。

（2）亭体整体木结构做法

施工工艺流程：材料准备→木构件加工制作→木构件拼装→质量检查。

① 木料准备。采用成品防腐木，外刷清漆两遍。

② 木构件加工制作。按施工图要求下料加工，需要榫接的木构件要依次做好榫眼和榫接头。

③ 木构件拼装。所有木结构都采用榫接，并用环氧树脂黏结，木板与木板之间的缝隙用密封胶填实。施工时要注意以下几点。

a. 结构构件质量必须符合设计要求，堆放或运输中无损坏或变形。

b. 木结构的支座、支撑、连接等构件必须符合设计要求和施工规范的规定，连接必须牢固，无松动。

c. 所有木料必须进行防腐处理，面层刷深棕色亚光漆。

④ 质量检查。亭子属于纵向建筑，对稳定性的要求比较高，拼装后的亭子要保证构件之间的连接牢固，不摇晃；要保证整个亭子与地面上的混凝土柱连接牢固。

4. 竹木亭施工

竹木亭结构纤巧，直径 60～100mm。在搭接头处，内填直径相当的圆木，以免受力时产生应力集中而破裂。非受力构件中竹子直径多取 20～50mm。

竹木亭亭顶构造有两种：一是仿木结构中的伞法或大梁法；二是门式构架法，梁柱相连，一气呵成，主要受力构件用直径 100mm 的毛竹弯成。

在竹木亭施工中通常要注意以下事项。

① 竹木亭的显著特点是具有榫节，柱须以榫结入，柱下端一般加须弥座处理。

② 柱间可以用园椅（美人椅）、挂落相连接。

③ 少数有底板的亭子，柱间以梁板处理。

④ 竹木结构的处理：竹木要蒸（浸）去皮；竹木成料以桐油处理两遍，亮漆（光漆）处理两遍。

⑤ 竹木在使用过程中，尽量不要用铁钉，因为铁钉易生锈。

⑥ 由于竹木结构自身受材料的影响和限制，其成品的体量一般较小。

⑦ 竹木结构易受白蚁等虫害，在后期的养护中要增加涂漆工序，也可以石灰水多次进行防腐处理，但应用较少。

⑧ 竹木结构亭易燃，对消防有特殊的要求。

⑨ 必须选用节短、肉厚、质坚、表面光滑的竹材制作，且要符合设计要求。

⑩ 榫眼应选在竹节处。

【拓展训练】

① 亭基础施工如何进行钢筋的绑扎和混凝土的浇筑？

② 木亭中木构件采用何种措施进行保护？

③ 钢构件焊接时应该注意的事项有哪些？

④ 亭的基本构造包含哪些？你认为在其施工流程中不同结构亭的施工区别在哪里？

⑤ 在施工现场或实训场地进行木亭的施工操作。

扩展阅读

中国古代四大名亭

1. 醉翁亭

醉翁亭坐落在安徽省滁州市西南琅琊山麓，是中国四大名亭之首，又被称为天下第一亭。北宋庆历六年，著名文人欧阳修被贬为滁州太守。欧阳修自号“醉翁”，醉翁亭之名也由此得来。后来便写下了传世之作《醉翁亭记》，闻名于天下。

2. 陶然亭

清朝康熙三十四年，工部郎中江藻奉命监理黑窑厂，他在慈悲庵西部构筑了一座小亭，并取白居易诗“更待菊黄家酿熟，与君一醉一陶然”句中的“陶然”二字来为此亭命名。如今的陶然亭公园位于北京市西城区，建于1952年，是一座融古典建筑和现代造园艺术为一体的以突出中华民族“亭文化”为主要内容的历史文化名园。

3. 爱晚亭

爱晚亭位于岳麓书院后清风峡的小山上，八柱重檐，顶部覆盖着绿色的琉璃瓦，攒尖宝顶，内柱为红色木柱，外柱为花岗石方柱，天花彩绘藻井，十分壮观。原名为“红叶亭”，又名“爱枫亭”。后来根据唐代诗人杜牧《山行》而改名为爱晚亭，取“停车坐爱枫林晚，霜叶红于二月花”之诗意。

4. 湖心亭

湖心亭位于浙江省杭州市外西湖的中央，在湖心亭中向四周眺望，湖光尽收眼底，群山如列翠屏，在西湖十八景中称为“湖心平眺”。清帝乾隆还曾在亭上题过匾额“静观万类”，以及楹联“波涌湖光远，山催水色深”。

景墙施工

景墙指园内划分空间、组织景色、安排导游而布置的围墙，能够反映文化，兼有美观、隔断、通透作用的景观墙体。居住小区中的景墙因自身优美的造型和变化丰富的组合形式而具有很强的景观性，是景观空间不可缺少的组成要素。在园林景观中经常巧妙地利用景墙将空间划分为许多的小单元，利用景墙的延续性和方向性，引导观赏者沿着景墙的走向有秩序地观赏园内不同空间的景观。

【工作流程】

景墙施工图分析→景墙放样→基础工程→围墙施工→刷漆工程。

【操作步骤】

步骤一：景墙施工图分析

A 小区南入口景墙施工图如图 6-3 所示。景墙主体采用钢混结构，外用花岗岩雕刻板装饰。景墙采用局部镂空镶嵌小区金属平面图形式。根据图纸要求，金属平面图需要施工前加工好再在施工现场进行安装。小区名称也用金属材料制作并悬挂在景墙上，需要亮化配置，预留管线。

步骤二：景墙放样

按照设计平面图，用石灰、绳子和卷尺放样。由设计平面图可看出施工对象主要是规则的形状，为了施工方便，一般距景墙外 50cm 左右开挖。在施工前将设计景墙的控制点一一标到地面上并打桩，桩木上要注明桩号和施工标高。根据现场引测的±0.000 测定标高。

步骤三：基础工程

1. 施工工艺

场地平整→定位放线→基槽开挖→支设模板→浇筑混凝土条形基础→检查验收→拆除模板→回填土→做防潮层→基础结构验收。

土方开挖工序如下。

定位测量→埋设轴线引桩→撒出开挖线→人工挖土→地基验槽→地基异常处理→进入下道工序。

2. 施工要点

① 土方开挖产生的土量应在现场附近就近堆放，以利回填。

② 开挖过程中，测量人员随时抄平，在坑壁上钉上标高控制桩，以便随时掌握开挖深度，防止超挖。

③ 挖土时，应提前探明地下管线的分布情况，做好妥善处理。

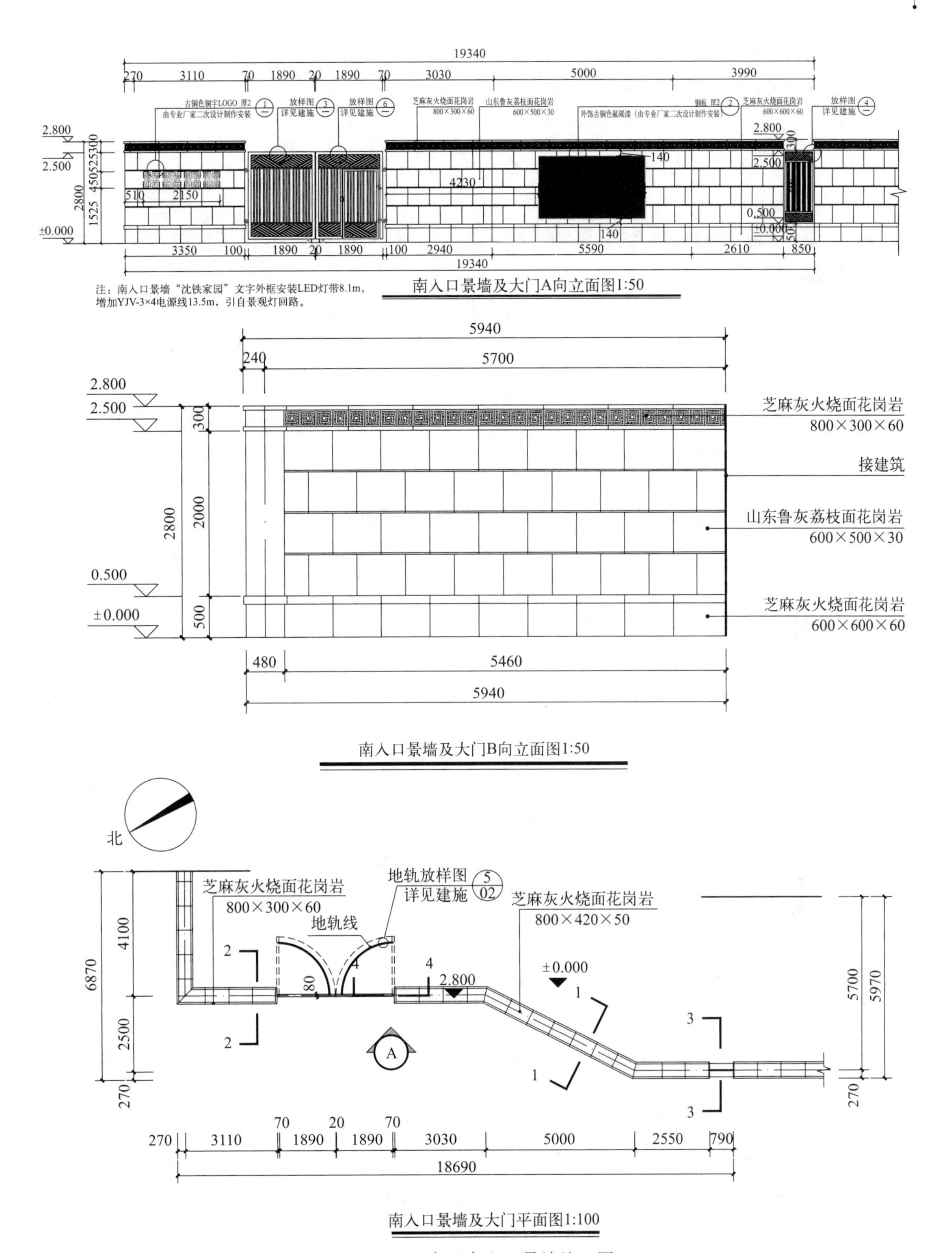

图 6-3　A 小区南入口景墙施工图

④ 土方施工中，应注意施工机械的安全使用，进场前进行检修。开挖时，挖掘机工作范围内不准进行其他作业；装土时，汽车驾驶员应离开驾驶室，车厢内有人时严禁装土。

3. 土方回填

基础工程完工后，经质检站验收合格，再进行土方回填。

(1) 工艺流程

基层清理→检验土质→分层铺土、耙平→夯打密实→检验密实度→修整找平→验收。

(2) 施工方法

填土前应将基槽底的垃圾等杂物清理干净。基础回填前，必须清理到基础底面标高，将回落的松散垃圾、砂浆、石子等杂物清除干净。

检验回填土内有无杂物，粒径是否符合规定，含水量是否在控制的范围内。如含水量偏高，可采用翻松、晾晒和均匀掺入干土等措施；若回填土的含水量偏低，则可采用预先洒水润湿等措施。

填土全部完成后，应进行表面拉线找平，对超过设计标高的地方，及时依线铲平，低于设计标高的地方补土夯实。

(3) 质量标准

主控项目：标高偏差允许值为－30mm，分层压实系数符合设计要求。

一般项目：回填的土料必须符合设计或施工规范的规定，分层厚度及含水量符合设计或施工规范的规定，表面平整度允许偏差不大于20mm。

步骤四：围墙工程

放线→支模→浇捣混凝土基座→养护、拆模→砌砖柱→安装及固定铁艺栏杆。

施工要点：安装铁艺围墙前一定要确保混凝土支座成形，预埋件位置正确。成品铁艺在运输中也要注意，勿强压变形及歪曲，安装时安放在轴线上，且需固定稳固。

步骤五：刷漆工程

铁艺围墙一定要做好防腐防锈处理。所以在刷漆及电焊工施工时一定要对每个死角和缝隙都要进行谨慎处理。刷防锈漆一道，银粉漆两道。

【知识链接】

一、景墙的作用及类型

1. 景墙的作用

景墙是中国古代景观建筑中常见的小品，其形式不拘一格，功能因需而设，材料丰富多样。

景墙不仅用于营造公园内的景点，而且是改善市容市貌及城市文化建设的重要手段。“文化墙”这个概念更是把景墙在城市文化建设中的特殊作用做了概念性总结。景墙在环境设计中起划分内外范围、分隔内部空间和遮挡劣景的作用。精巧的景墙还可装饰园景。

2. 景墙的类型

景墙按其构景形式可以分类如下。

① 独立式景墙。以一面墙独立安放在景区中，成为视觉焦点。

② 连续式景墙。以一面墙为基本单位，通过排列组合，使景墙形成一定的序列感。

③ 生态式景墙。将藤蔓植物进行合理种植，利用植物的抗污染、杀菌、滞尘、降温、隔声等功能，形成既有生态效益，又有景观效果的绿色景墙。

也可以将景墙分为景观墙、划分空间墙、标识墙、文化墙、挡土墙、围墙、设施墙等。

二、中式景墙

中式景墙是中国传统园林艺术的重要组成部分，它沿袭了中国古典园林美学的理念。景墙是一种立体的景观元素，既是园林环境中的重要构成，也是景区与建筑之间的过渡和衔接。在中国传统园林中，有数量众多、样式多样的景墙，如穿廊式围墙、双虎头墙、爬山越岭墙、花园小巧墙等。

中式景墙的历史可以追溯到三千多年前的商周时期。早期的景墙主要是木质结构，形似栅栏，用以围合庭院、分割空间。随着金属冶炼技术的进步，景墙开始采用铁、铜等金属材质。唐宋时期，景墙逐渐演变为石质结构，成为中国传统园林中的重要景观形式。

现代演绎中式景墙，要求保持传统的文化内涵与艺术风格，同时注重创新和现代化。设计者们在材质、色彩、造型等方面进行了多种尝试，使中式景墙在传统基础上具有了更多的创造性和时代感。如现代景墙常采用优质石材、木材、水泥等材料打造，同时通过色彩搭配、雕刻、镂空等工艺手段，增强了景墙的立体感和装饰效果。而具有中式特色的立体图案、汉字图案等也成为现代中式景墙设计中的重要元素。

总之，中式景墙在中国传统园林文化中具有重要地位，对后来的建筑装饰艺术也产生了深远的影响。现代演绎中式景墙要求传承与创新相结合，在延续传统文化精神的同时赋予其更多的时代特色和美学意义，这是中式景墙发展的必由之路。

三、景墙砌体材料的种类

大多数砌体是指将块材用砂浆砌筑而成的整体。砌体结构所用的块材有：烧结普通砖、非烧结硅酸盐砖、黏土空心砖、混凝土空心砖、小型砌块、粉煤灰实心中型砌块、料石、毛石和卵石等。常用的景墙砌体材料有：烧结普通砖、料石、毛石、卵石和砂浆等。

1. 烧结普通砖

烧结普通砖是以黏土、页岩、煤矸石、粉煤灰为主要原料，经焙烧而成，其尺寸为240mm×115mm×53mm。因其尺寸全国统一，故也称标准砖。烧结普通砖分烧结黏土砖和其他烧结普通砖。

① 烧结黏土砖以黏土为原料，经配料调制、制坯、干燥、焙烧而成，保温、隔热及耐久性能良好，强度能满足一般要求。烧结黏土砖又分为实心砖、空心砖（大孔砖）和多孔砖。无孔洞或孔洞率小于15%的砖通称实心砖，也有比标准尺寸略小些的实心黏土砖，其尺寸为220mm×105mm×43mm。实心黏土砖按生产方法不同，分为手工砖和机制砖，按砖的颜色可分红砖和青砖。一般来说青砖较红砖结实，耐碱、耐久性好。

为了节省用土和减轻墙体自重，在实心砖的基础上还进行了改造，做成空心砖（大孔砖）和多孔砖，即孔洞率等于或大于15%。

黏土砖的强度等级用MU××表示，例如，过去称为100号砖的强度等级用MU10表示。它的强度等级是以它的试块受压能力的大小而定的。根据国家标准《烧结普通砖》(GB/T 5101—2017)，抗压强度分为MU30、MU25、MU20、MU15、MU10五个强度等级。一般常用的为 MU10。

② 其他烧结普通砖包括烧结煤矸石砖和烧结粉煤灰砖等。烧结煤矸石砖以煤矸石为原料；烧结粉煤灰砖的原料是粉煤灰加部分黏土。它们是利用工业废料制成的，优点是化废为宝、节约土地资源、节约能源。其他烧结普通砖的强度等级与烧结黏土砖相同。

除烧结普通砖外，还有硅酸盐类砖，简称不烧砖。它们是由硅酸盐材料压制成型并经高压釜蒸压而成的。其种类有灰砂砖、粉煤灰砖、矿渣硅酸盐砖等。其强度等级为 MU7.5 和 MU10，尺寸与标准砖相同。与烧结普通砖相比，硅酸盐类砖耐久性较差。受化学稳定性等因素影响，硅酸盐类砖的使用没有黏土砖广。

景观中的景墙、挡土墙等砌体所用的砖须经受雨水、地下水等侵蚀，故采用烧结黏土实心砖、烧结煤矸石砖等，而灰砂砖、粉煤灰砖、矿渣硅酸盐砖等则不宜使用。

2. 石材

石材的抗压强度高，耐久性好。石材的强度等级可分为 MU200、MU150、MU100、MU80、MU60、MU50 等。石材的抗压强度是指把石块做成边长 70mm 的立方体，经压力机压至破坏后，得出的平均极限抗压强度值。石材按其加工后的外形规则程度可分为料石和毛石。

① 料石亦称条石，是由人工或机械开采的较规则的六面体石块，经人工略加凿琢而成。依其表面加工的平整程度分为毛料石、粗料石、半细料石和细料石四种。毛料石一般仅需稍加修整，厚度不小于 20cm，长度为厚度的 1.5～3 倍；粗料石表面凸凹深度要求不大于 2cm，厚度和宽度均不小于 20cm，长度不大于厚度的 3 倍；半细料石除表面凸凹深度要求不大于 1cm 外，其余同粗料石；细料石经细加工，表面凸凹深度要求不大于 0.2cm，其余同粗料石。料石常由砂岩、花岗石、大理石等质地比较均匀的岩石开采琢制，至少有一面的边角整齐，以便互相合缝，主要用于墙身、踏步、地坪、挡土墙等。部分粗料石可用于毛石砌体的转角部位，控制两面毛石墙的平直度。

② 毛石是指由人工采用撬凿法和爆破法开采出来的不规则石块。由于岩石层理的关系，往往可以获得相对平整的和基本平行的两个面。它适用于基础、勒脚、一层墙体。

四、景墙表面装饰材料

景墙表面装饰材料是镶贴到表层上的一种装饰材料。景墙表面装饰材料的种类很多，常用的有饰面砖、花岗石饰面板、水磨石饰面板和青石板等。景观中还常用一些不同颜色、不同大小的卵石来贴面。

1. 饰面砖

适合景墙饰面的砖如下。

① 外墙面砖（墙面砖）：一般规格为 200mm×100mm×12mm、150mm×75mm×12mm、75mm×75mm×8mm、108mm×108mm×8mm 等，表面分有釉和无釉两种。

② 陶瓷锦砖（马赛克）：以优质瓷土烧制的片状小瓷砖，可拼成各种图案贴在墙上。

③ 玻璃锦砖（玻璃马赛克）：以玻璃烧制而成的小块贴于墙上的饰面材料，有乳白色、灰色、蓝色、紫色等多种花色。

2. 饰面板

用于景墙的饰面板有花岗石饰面板，它用花岗石荒料经锯切、研磨、抛光及切割而成。因加工方法及加工程序的差异，分为下列四种。

① 剁斧板表面粗糙，具有规则的条状斧纹。

② 机刨板表面平整，具有相互平行的刨纹。

③ 粗磨板表面光滑、无光。

④ 磨光板表面光亮、色泽鲜明、晶体裸露。

上述饰面板都可以达到良好的装饰效果。

3. 青石板

青石板是沉积岩，材质软，较易风化，其纹理构造使青石板易于劈裂成面积不大的薄片。使用规格一般为长、宽为300～500mm不等的矩形块，边缘不要求很直。青石板有暗红、灰、绿、蓝、紫等不同颜色，加上其劈裂后的自然形状，可掺杂使用，形成色彩富有变化而又具有一定自然风格的装饰效果。

4. 水磨石饰面板

水磨石饰面板用水泥（或其他胶结材料）、石屑、石粉、颜料加水，经过搅拌、成型、养护、研磨等工序所制成，色泽品种较多，表面光滑，美观耐用。

五、砖墙的砌筑方法

普通砖墙厚度分为半砖、一砖、四分之三砖、一砖半、二砖等，常用砌筑方法有一顺一丁式、全顺式、顺丁相间式等，如图6-4所示。一顺一丁式的特点是整体性好，但墙体交接处砍砖较多；全顺式是每皮均以顺砖组砌，上下皮左右搭接为半砖，适用于模数型多孔砖的砌合。全顺式只适用于半砖厚墙体。顺丁相间式的特点是砌筑较难，墙体整体性较好，外形美观，常用于清水砖墙。

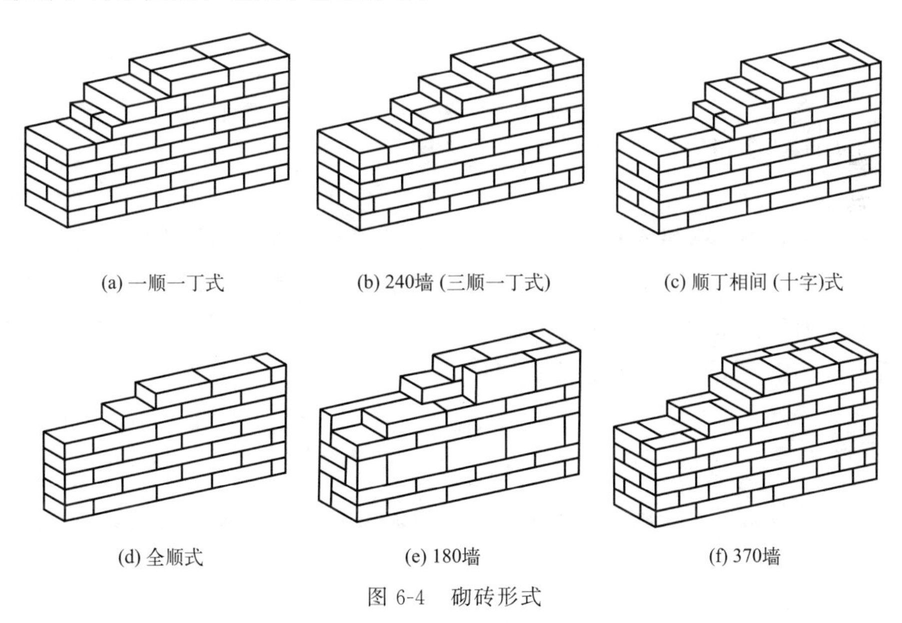

图6-4　砌砖形式

【拓展训练】

① 景墙砌体的材料有哪些？如何进行景墙砖墙砌体的砌筑？

② 简述弧形景墙墙体的放样方法。

③ 景墙外表装饰的途径和方法有哪些?

④ 试制定某石材雕塑小品安装吊运过程的施工方案。

⑤ 编制景墙施工方案，在学校实训场地进行景墙的施工。

扩展阅读

萧墙锦绣——百看不厌的中式影壁

影壁，起源于中国，亦称作照壁、影墙、照墙，是古代寺庙、宫殿、官府衙门和深宅大院前，正对大门以作屏障的墙壁。曹雪芹在《红楼梦》中就描写了“北边立着一个粉油大影壁”。

影壁的功用是作为建筑组群前面的屏障，以别内外，并增加威严和肃静的气氛，有装饰的意义。影壁往往把宫殿、王府或寺庙大门前围成一个广场或庭院，给人们提供回旋的余地，因此，成为人们进大门之前停歇和活动的场所。也是停放车轿上下回转之地。

影壁作为中国建筑中重要的单元，与房屋、院落建筑相辅相成，组合成一个不可分割的整体。雕刻精美的影壁具有建筑学和人文学的重要意义，有很高的建筑与审美价值。

任务三

园桥施工

居住小区中水面一般占有相当大的比重，而组织与水有关的景观时，大多与桥的布局有关。居住小区中设置桥梁可以联系两岸交通，变换观赏视线，点缀水景，增加水面层次，兼有交通和艺术欣赏的双重作用。园桥在造园艺术上的价值，往往超过交通功能，所以园桥形式非常丰富，制作也极为讲究。

【工作流程】

园桥施工图分析→台身施工→台帽施工→梁板预制→桥面铺装与附属工程。

【操作步骤】

步骤一：园桥施工图分析

本项目属于对原有园桥改造（图 6-5）。桥跨径 2.1m，上部结构为 C30 钢筋混凝土空心板，下部结构为扩大基础、重力式桥台。为顺接路基，破除原桥面铺装层、梁板和台帽，加高台身。台帽、梁板、桥面铺装等重新施工。总体桥面抬高 50cm 左右。

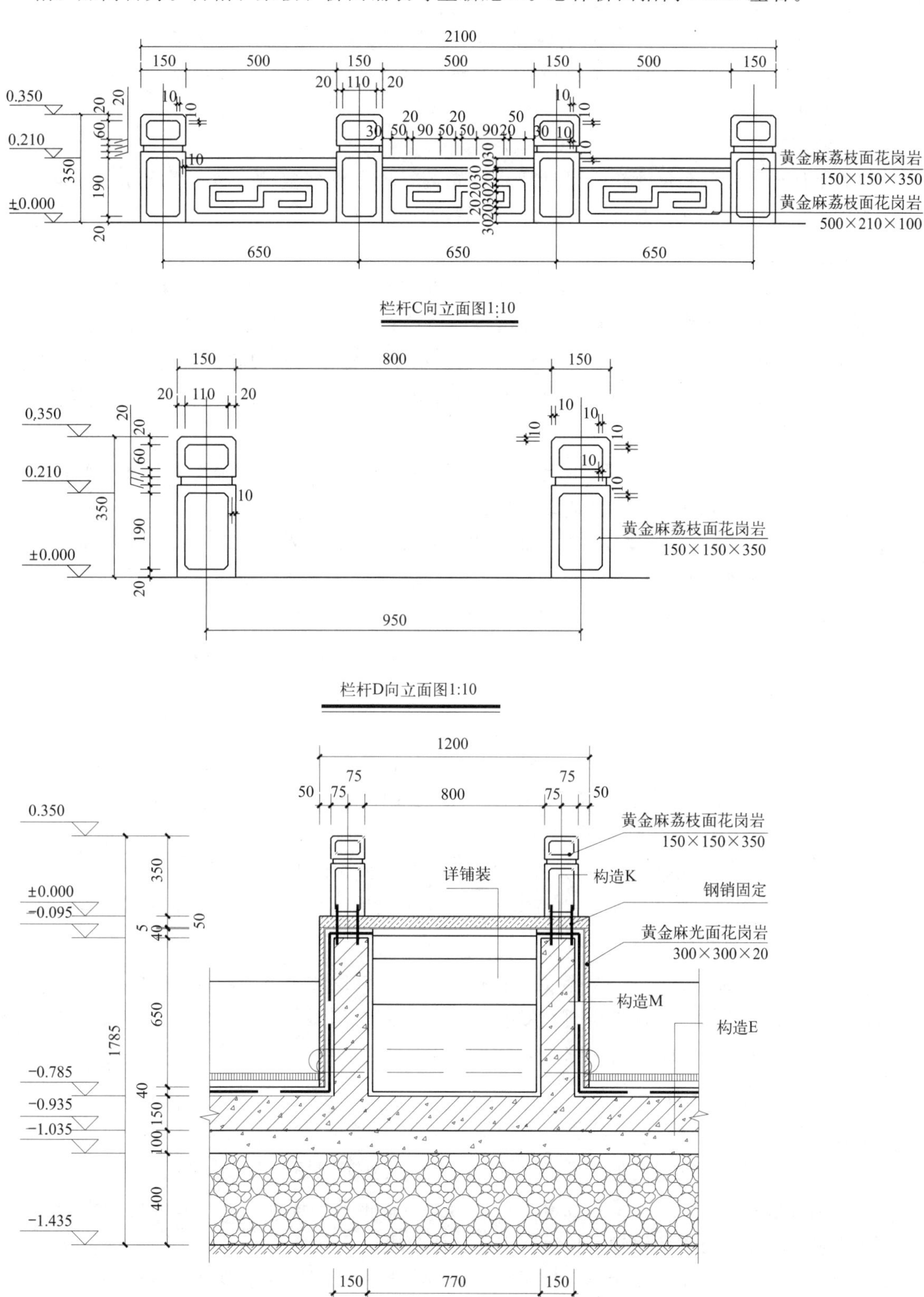

图 6-5　园桥施工图

步骤二：台身施工

由于是改造工程，故首先对桥面铺装、护栏、人行道板、伸缩缝和台帽进行破除，产生的建筑垃圾运至业主指定地点掩埋。台帽破除后对台身进行凿毛处理，并预埋钢筋以便台身加高时连接。

1. 测量放样

为了使台身位置和尺寸符合设计要求，先进行桥梁中线复测。根据测量成果定位，在基础面顶面弹线放样并复核，保证桥台位置准确无误。

2. 模板安装

① 模板安装之前，应将原台身顶面凿毛，并用水冲洗干净。为了保证桥梁台身部分的美观，台身均采用组合钢模板。对于组合钢模板，先在地面上按照设计要求，把各部分几何尺寸进行组装，模板拼缝处贴 5cm×1.5cm 的海绵条（或橡胶条），防止混凝土表面产生砂线，模板外部采用 ϕ18mm 螺栓连接紧固。模板强度、平整度及接缝严格按照规范要求执行。

② 在整个施工过程中为了严防跑模，模板支撑采用钢支架，对称支撑牢固。施工操作支架与模板不得相连，以防模板倾斜变形。

③ 安装模板时用全站仪校核模板垂直度。模板安装前应清除污物，刷上脱模剂。肋形台身模板一次性安装至台帽底。

3. 混凝土运输、浇筑及养护

台身混凝土采用搅拌站集中拌和，由混凝土运输车直接送入模内的方法。

① 施工时采用 ϕ300mm 的串筒来控制混凝土的落距，混凝土落距一般控制在 2m 以内，确保混凝土不产生离析现象。浇筑时，以 40cm 为一层，分层浇筑，振动棒振捣密实，连续作业，不随意留施工缝。振捣上层应插入下层 5～10cm，防止漏振和过振。

② 施工缝位置凿毛清洗干净后，先浇一层 2cm 厚的 1∶2 水泥砂浆，并在砂浆初凝前浇筑台身混凝土。

③ 混凝土浇筑时安排技术人员和立模工人值班，发现问题及时处理。

④ 天气炎热（30℃以上）时浇筑混凝土，应考虑掺加缓凝剂，以保证混凝土的和易性和减少泵送混凝土的坍落度损失。

⑤ 当混凝土强度达到 2.5MPa 时即可拆除侧模，拆模时用吊车配合。拆除的模板及时清理、修整、除污、涂刷隔离剂，集中堆放，以备重复使用。

⑥ 模板拆除后，及时对混凝土进行养护。

步骤三：台帽施工

1. 钢筋加工及安装

用业主指定厂家的钢筋加工成形，用运输车运至施工现场，人工绑扎就位。

钢筋准确定位安设，当浇筑混凝土时，用支撑将钢筋牢固地固定。安装好的钢筋上不得有灰尘，以及有害的锈蚀、松散锈皮或其他杂质。

钢筋固定用混凝土垫块大小应征得监理同意，其设计能够保证混凝土垫块在浇筑混凝土时不倾倒。

2. 立模

立模前用全站仪放出桥梁的轴线，并放出模板的边线，用涂料漆做好标记。台帽模板采用竹胶板加工制作，人工安装，模板采用支架支撑连接。模板立好后用钢尺校正跨径及各部位的几何尺寸，误差控制在规范允许范围之内。浇筑前在模板内涂刷机油或脱模剂，表面应无杂物并且平整。平整度、倾斜度等满足规范要求，监理验收合格后浇筑混凝土。

3. 浇筑混凝土

浇筑混凝土前，全部支架、模板都按图纸要求尺寸进行检查，并清理干净模板内杂物，使之不得有其他附着物。

浇筑混凝土采用罐车配合滑槽浇筑的工艺，浇筑连续进行。

浇筑混凝土期间，设专人检查支架、模板等稳固情况，当发现有松动、变形、移位时，及时处理。

混凝土振捣采用插入式振捣棒，振捣时，要遵循快插慢拔的原则，以免产生空洞。振捣棒垂直插入混凝土内，分层浇筑时，要插至前一层混凝土上，以保证新浇混凝土与先浇混凝土结合良好，插进深度一般为50～100mm。振捣时避免振捣棒直接作用该模板上，不得在模板内利用振捣棒使混凝土长距离流动或运送混凝土，以免引起离析。顶面多余的自由浆立即清除，避免上下混凝土结合造成局部混凝土不均匀和挤压至边缘，以及拆模出现泌水、露砂和花脸图案等现象。

混凝土振捣密实标志：停止下沉、不冒气泡、泛浆、表面平坦。振捣时避免出现漏振、过振现象。混凝土振捣密实后1.5～24h之内，不得受到振动。

4. 拆模、养护

待混凝土强度达到2.5MPa时，拆除侧模。混凝土采用洒水养护法，台帽顶用土工布覆盖并保持湿润。

步骤四：梁板预制

① 台座制作：预制场地选址在A小区附近的征用空旷地带，混凝土地面强度满足施工要求。全桥总计6片梁板，计划制作2个底座。按照设计图纸中每片梁板的尺寸，在地面上画好线，然后立模，注意斜交角度，不能弄反。底座采用C30混凝土浇筑20cm厚，表面再铺筑5mm厚钢板，平整度须满足规范要求。

② 由钢筋班按图纸下料，制作钢筋，在预制场现场加工成形，在底板上按设计位置绑扎。

③ 混凝土浇筑：混凝土采用集中拌和，用混凝土罐车运至现场浇筑，坍落度5～7cm，严格控制水灰比。混凝土用插入式振捣器振捣，必须振捣密实，保证梁端混凝土强度，防止梁端出现裂缝。板顶做拉毛处理，并注意护栏、伸缩缝、泄水管以及交通工程所需构件的预埋。

④ 混凝土养护：采用土工布覆盖保湿，设置专人，养护时间不少于7天。梁板混凝土强度应以试块试压强度为依据。

⑤ 梁板安装：梁板用平板车运至现场、吊车安装的方法施工。首先放样画线，精确定出梁体支座位置。安装前将墩台支座垫层表面及梁底面清理干净。支座垫层用水灰比

不大于0.5的1∶3水泥砂浆抹平，并保持清洁，使其顶面标高符合图纸规定。

步骤五：桥面铺装与附属工程

1. 桥面铺装

现浇桥面板混凝土施工前将板梁顶面用水充分清洗湿润，混凝土应一次性浇筑完成，表面先使用行夯刮平，然后用木抹抹平收浆，混凝土在初凝前再用木抹二次抹面，使混凝土表面保持适当的粗糙，能使面层沥青混凝土与之很好结合。

① 按设计要求绑扎钢筋网，并采取措施保证位置正确和保护层厚度。

浇筑混凝土前在桥面范围内布点测量高程，保证铺装厚度及平整度。

② 浇筑混凝土时施工人员和机具不得踩压钢筋，并预留伸缩缝工作槽，桥面铺装在全桥宽上同时进行，采用混凝土输送泵浇筑，平板振动器和振动梁振捣密实、平整。

③ 浇筑完毕，进行修整，包括镘平及表面自由水清理，在桥面铺装修整完成并将其收浆拉毛后，尽快予以覆盖和养护。

2. 护栏

护栏是桥梁工程的重要组成部分，对桥梁工程的评价起着直观的作用。施工不仅要保证质量，还要满足艺术造型和美观的要求。

施工方法：根据护栏的结构尺寸专门设计防撞护栏模板，循环使用，混凝土采用溜槽入模，通过插入式振动器捣固。防撞护栏施工中，设专人检查模板。护栏底部为斜面，必须充分振捣密实，以免出现蜂窝、麻面。待混凝土强度达到2.5MPa时，拆除侧模，拆模时必须小心，以防碰破边角，影响外观质量。钢模板拆除后，用拖布除浆除尘，用平刀剔除死角的混凝土块，对局部区域用电动砂轮或水磨砂纸刨光、打平，用新机油均匀涂抹钢模内壁进行保养，在雨天用彩条布覆盖。混凝土采用洒水养护法，表面用土工布覆盖并保持湿润。

3. 搭板

搭板采用现浇施工，浇筑时注意预留伸缩装置和预埋构件并保证其位置准确无误。施工搭板前确保板下填土压实度不低于96%。

【知识链接】

一、园桥的形式

1. 平桥

平桥按材料分有木桥、石桥、钢筋混凝土桥等。平桥的桥面平整，结构简单，平面形状为一字形。桥边常不做栏杆或只做矮护栏。桥体的主要结构部分是石梁、钢筋混凝土直梁或木梁，也常见直接用平整石板、钢筋混凝土板做桥面而不用直梁的。

2. 平曲桥

平曲桥的基本情况和一般平桥相同。桥的平面形状是左右转折的折线形。根据转折数可分为三曲桥、五曲桥、七曲桥、九曲桥等。桥面转折多为90°直角，但也可采用120°钝角，偶尔还可用150°转角。平曲桥桥面设计以低而平的效果为好。

3. 拱桥

拱桥指的是在竖直平面内以拱作为结构主要承重构件的桥梁。垂直荷载通过弯拱传递给拱台，其最早并非用于景观造景，而是在工程中满足泄洪及桥下通航的要求。在形成和发展过程中，其桥身都是弯曲的，所以古时常称为曲桥。

常见的拱桥有石拱桥和砖拱桥，也有一些钢筋混凝土拱桥。拱桥是景观中造景用桥的主要形式。其材料易得，价格便宜，施工方便；桥体的立面形象比较突出，造型可有很大变化；圆形桥孔在水面的投影也十分好看。因此，拱桥在景观中应用极为广泛。中国著名古拱桥有赵州桥、卢沟桥、十七孔桥。

4. 亭桥

在桥面较高的平桥或拱桥上修建亭子，就做成亭桥。亭桥是景观水景中常用的建筑小品。它既是供游人观赏的景物点，又是可停留其中向外观景的观赏点。

5. 廊桥

廊桥与亭桥相似，也是在平桥或平曲桥上修建风景建筑，只不过其建筑是采用长廊的形式而已。廊桥的造景作用和观景作用与亭桥一样。

6. 吊桥

吊桥是以钢索、铁链为主要结构材料（较早有用竹索或麻绳的），将桥面悬吊在水面上的一种园桥形式。吊桥吊起桥面的方式又有两种：一种是全用钢索铁链吊起桥面，并作为桥边扶手；另一种是在上部用大直径钢管做成拱形支架，从拱形钢管上等距地垂下钢制缆索，吊起桥面。吊桥主要用在风景区的河面上或山沟上面。

7. 栈桥与栈道

架长桥为道路，是栈桥与栈道的根本特点。严格地讲，这两种园桥并没有本质上的区别，只不过栈桥多是独立设置在水面上或地面上，而栈道则更多地依傍于山壁或岸壁。

8. 浮桥

将桥面架在整齐排列的浮筒（或舟船）上，可构成浮桥。浮桥适用于水位常有涨落而又不便人为控制的水体。

二、园桥的基本构造

园桥由上部结构和下部结构两大部分组成。上部结构包括梁（或拱）、栏杆等，是园桥的主体部分，要求既坚固耐用，又美观。下部结构包括桥台、桥墩等支撑部分，是园桥的基础部分，要求坚固耐用，耐水流的冲刷。桥台和桥墩要有深入地基的基础，上面应采用耐水流冲刷的材料，还应尽量减少对水流的阻力。

三、常见类型园桥施工要点

1. 石板平板桥

常用石板宽度为0.7～1.5m，为多1m左右，长度为1～3m。石料不加修琢，仿真自然，不设或只在单侧设栏杆。若游客流量较大，则并列加拼一块石板，使总宽度为1.5～2.5m，甚至更大可至3～4m。此种情况下，为安全起见，一般都加设石栏杆。石栏杆不宜过高，应为450～650mm。石板厚度宜为200～220mm。

2. 石拱桥

景观桥多用石料，统称石桥。以石砌筑拱券成桥，称石拱桥。石拱桥在结构上分为无铰拱与多铰拱。拱桥的主要受力构件是拱券，拱券由细料石榫卯拼接构成。拱券石能否在外荷载作用下共同工作，不但取决于梯卯方式，而且有赖于拱券石的砌置方式。

（1）无铰拱的砌筑方式

① 并列砌筑：将若干个独立拱券栉比并列，逐一砌筑合拢的砌筑法。一圈合拢，既能单独受力，又有助于毗邻拱券的施工。

② 横联砌筑：指拱券横向交错排列砌筑。拱券横向联系紧密，从而使全桥拱石整体性大大加强。由于园桥建筑立面处理和用料上的需要，横联拱券又发展出镶边和框式两种。

拱券石镶边横联砌筑法，是在拱桥的两侧最外券各用高级石料（如大理石、汉白玉精琢的花岗石等）镶嵌砌成一个独立拱券（又称券脸石），宽度不小于400mm，厚度不小于300mm，长度不小于600mm。

框式横联拱券既吸取了镶边横联拱券的优点，又避免了前者边券单独受力与中间诸拱无联系的缺点，使得拱桥内外券材料选用可以有差异。外券材料高级些，而内券材料低级些，也不影响拱桥相连成整体。两者共同的缺点是施工时需要搭设满堂脚手架。

（2）多铰拱的砌筑方式

① 有长铰石：每节拱券石的两端接头用可转动的铰来联系。具体做法是：将宽600～700mm、厚300～400mm、每节长大约为1m的内弯拱石板（即拱券石）上下两端凿成榫头，上端嵌入长铰石的卯眼（300～400mm）中，下端嵌入台石的卯眼中。靠近拱脚处的拱板石较长些，顶部则短些。

② 无长铰石：即两端直接琢制卯接以代替有长铰石的榫头。榫头要紧密吻合，接连面必须严紧合缝，外表看不出有榫头。

多铰拱的砌置，无论有无长铰石，实际上都应该使拱背以上的拱上建筑与拱券一起成为整体工作。

在多铰拱券砌筑完成之后，在拱背肩两端各筑一道间壁，即在桥台上垒砌一条长石作为间壁基石，再于其中一个基石上竖立一排长石板，下端插入基石，上端嵌入长条石底面的卯槽中。间壁和拱顶之间另用一对长条石（300～400mm的长方形或正方形）叠置平放于肩墙之上。长条石两端各露出250～400mm于肩墙之外，端部琢花纹，回填三合土（碎石、泥沙、石灰土）。最后，在其上铺砌桥面石板、栏杆柱、栏板石、抱鼓石等。

3. 毛石（卵石）拱桥

完全用不规则的毛石（花岗石、黄石）或卵砾石干砌的拱桥，是中国石拱桥中大胆杰出之作，江南尤多。跨径多在6～7m，截面多为变截面的圆弧拱。施工时多采用满堂脚手架，或采用堆土成模，将土堆砌成桥孔需要的形状，上面铺设塑料布，再浇筑混凝土，待桥建成后，将土堆挖去。目前，有些地方由于施工质量水平所限，乱石拱底也灌入少量砂浆，以求稳定。

【拓展训练】

① 园桥的造型有哪些？桥体的结构形式有哪些？

② 园桥基础施工时有哪些注意事项？

③ 简述桥身花岗岩冰梅碎拼的施工工艺。

④ 现场调查某居住小区的园桥，制定出施工工艺方案。

扩展阅读

古老而独特的木拱廊桥营造技艺

木拱廊桥是一种“河上架桥，桥上建廊，以廊护桥，桥廊一体”的古老而独特的桥梁样式。因其形似彩虹，又称虹桥或虹梁式木构廊屋桥，因桥上建有桥屋，俗称“厝桥”。桥梁专家唐寰澄教授根据其拱架结构特点，在《中国科学史·桥梁卷》中将其定名为贯木拱桥。由于使用短的构造材料，因此形成了大的跨度，被认为是中国在世界桥梁史上的独特构造。木拱结构的廊桥曾风行于北宋，是我国木结构桥梁的活化石，是中国传统木构桥梁中技术含量最高的一个品类，同时具有极高的传统美学价值。

任务四　景观小品施工

景观小品是景观中供休息、装饰、照明、展示和为景观管理等用的小型建筑设施。体量小巧，造型别致。景观小品既能美化环境和增加趣味，又能营造文化氛围，为使用者提供休息和娱乐活动的便利。居住小区中景观小品不仅提升了景观的实用功能，也从装饰上使园区丰富起来，起到画龙点睛的作用。

一、轨道施工

本项目在园区内设计有30m轨道，做法为素土夯实，压实系数≥0.93，200mm厚底砟，200mm厚面砟，尺寸为220mm×160mm×1500mm的枕木间距1000mm，扁钢250mm×250mm×10mm，钢轨施工图见图6-6。

1. 道砟铺设（图6-7）

道砟采用地方道砟场生产的标准产品，并做好检验。为确保铺轨时道床的稳定密实，减少铺轨后大量的起道、拔道、捣固、整道作业，道床采用自卸车运输，推土机摊铺，压路机碾压的方法，所有机械设备均不得侵限（铁路限界是为保证运输安全而制定的建筑物、设备与机车车辆相互间在线路上不能逾越的轮廓尺寸线），对既有重要设备进行保护，专人防护，专人指挥施工。

（1）主要施工步骤

① 检查路基面成型标准，包括中线、标高、路基面宽、路拱等。

② 测量定位。直线每10m设一组中线桩、边桩；曲线、缓和曲线每5m设一组。

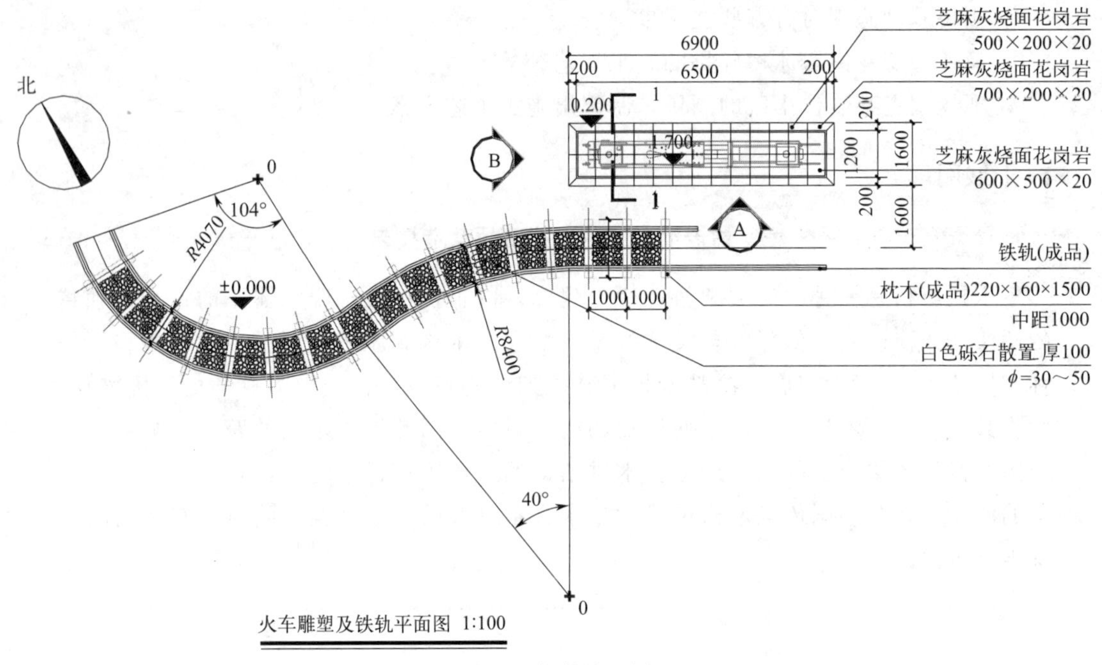

图 6-6　钢轨施工图

图 6-7　道砟铺设

③ 铺底砟。按设计要求铺设，用推土机推平后由压路机碾压密实至设计标准。

④ 铺面砟。按设计要求铺设至标高，并考虑由松散系数算出的预留高度，分两次铺足，然后用推土机推平。

⑤ 用压路机压实轨下及其两侧各 50cm 范围内的道砟，并以人工配合进行局部整平，直至达到设计标高。

（2）施工中的注意事项

① 道砟松铺高度。松铺系数是指材料的松铺厚度与达到规定压实度的压实厚度的比值，常精确到小数点后两位。路基施工常用此来控制路基填筑质量，一般由项目试验段的填筑试验来确定。松铺系数与道砟粒径形态、级配以及压实标准等因素有关（一般碎石松铺系数为 1.1～1.2）。松铺高度为设计厚度与松铺系数的乘积。在确定松铺高度时，应按规范和试验规程做室内试验，或通过做试验段的方法精确测定。

② 道床碾压以小吨位自行式振动压路机为宜，第一遍稳压宜采用低碾压速度（<2km/h）、低频（<20Hz）和低振幅（<1mm）的振动碾压，以防止砟粒位置产生过大变化而引起侧向移动；以后几遍碾压参数宜选用速度3～4km/h、振频30～50Hz、振幅1.5～2mm。碾压从一侧开始至另一侧结束，并且前后两次碾压方向相反。

③ 压实控制标准。现场采用路面高程控制法，即以总下沉量的平均值达到铺层厚度的10%～20%（符合室内试验的压实标准和松铺系数）作为充分压实的标准。也可以用最后两道碾压时铺层下沉量不超过5mm作为控制标准。

2. 人工铺轨

（1）轨枕运输、散布

① 道床碾压完毕后，重新对线路进行中线放样测量，依据线路中桩将轨道中线和边线用白灰画出，据此进行散枕施工。

② 轨枕采用轨道车由轨枕场或存料场直接运至施工现场，然后人工配合吊车将轨枕卸至待铺线路的路基上，沿线路方向排放。轨枕卸车完毕后，即可对轨枕进行现场人工散枕。

③ 严格按轨道铺设标准和每排轨枕数量进行拉尺散枕，以避免不必要的抽插枕施工。

（2）轨枕锚固

① 轨枕散布完毕后，即可进行轨枕道钉锚固。为确保锚固质量，在进行道钉锚固时，采取正锚锚固架进行锚固施工。锚固前用黄砂按规定长度堵住锚固孔底部，固定好锚固架。将熔制好的硫黄砂浆仔细灌入道钉孔（一孔须一次灌满），经过冷却凝固好后，取下锚固架。锚固前进行硫黄砂浆的配合比选定试验，求得最佳配合比，试件的抗压强度不低于40MPa，抗拉强度不低于4MPa，道钉锚固后抗拉力不低于60kN。

② 锚固用的材料必须符合规范要求，称好各种材料的一次熔制量后，先倒入砂子，加热到100～200℃，再倒入水泥加热到130℃，最后加入硫黄和石蜡，继续搅拌使其拌和均匀，并由稀变稠呈液胶状，温度升到160℃，即可使用。在熔制过程中，火力要控制好，火候不得过猛，并不断搅拌。

（3）扁钢铺设固定

轨枕铺设完成后，按设计要求铺设250mm×250mm×10mm厚扁钢，用螺栓固定枕木，螺栓型号应满足设计要求，螺栓间距为每个轨枕一个。

（4）钢轨散布和铺设

① 散钢轨：轨枕锚固好后，即可进行散钢轨施工。根据轨头桩将第一对钢轨铺设完毕后，利用吊轨器再吊铺第二、第三对钢轨，并将钢轨进行连接，作为下一根钢轨的运输轨道，如此边运边铺，循环进行，直至将钢轨散铺完毕。钢轨连接时严格按轨温进行轨缝预留，并用接头夹板将钢轨进行连接。

② 精方枕、连接配件：钢轨连接后，将轨枕位置用石笔标示在钢轨上，根据标示轨枕位置将轨枕进行二次方正，并将承轨槽面的杂物清除干净，在锚固孔顶面、道钉圆台及其下部四周涂绝缘防锈涂料，在道钉螺纹杆上涂机油。配件由汽车运至施工现场，进行散配件及配件连接施工。各种配件要安装齐全，位置准确，并及时检查轨距，确保各

项指标准确，满足规范要求。

3. 卸轨料

利用汽车吊或组织人力由平板车上将钢轨、轨枕及扣件卸下，分类集中堆码，卸钢轨时进行逐根检查，并标识在轨头上。

4. 拖散钢轨

用拖拉机或汽车，按轨排表中所标注的钢轨长度、顺序配对，将钢轨拖拉到对应铺设地点，并按上、下股拨移到两侧路肩上。

5. 散布轨枕

利用汽车把轨枕、扣配件运到施工现场，根据轨排表中注明的每节轨排的轨枕根数及所需的扣配件数量均匀散布，并按线路中线桩将轨枕散布方正。

6. 轨道锚固

散轨完成后用固定构件将轨道与扁钢固定牢固。上扣件前先轻放轨枕，摆正轨下绝缘垫板，铲除承轨槽面余渣，然后将各种扣件依次放入承轨槽内，用小撬棍将扣件拨正落槽，最后用梅花扳手拧紧螺母。

7. 线路维修

轨道铺好后，按线路中线桩拨至设计位置，串砟捣固，消除硬弯、鹅头、三角坑和反超高现象。

8. 质量检查

对已铺线路进行全面检查，补齐或更换不合格扣配件，补齐轨枕，更换失效轨枕，拨正线路方向和水平等。

9. 安全措施

① 使用吊车卸轨料时，一定要挂吊牢靠，起吊时两端应设专人稳定，控制平衡，并由专人统一指挥装吊作业。在吊起的轨料下面或移动范围内，禁止人员通过和逗留。

② 拖拉轨料时，挂钩一定要稳妥，防止脱钩导致钢丝绳伤人。卸轨枕或扣件时，一定要站在确认安全的位置，防止作业人员闪落车下或挤伤手脚，同时注意轨枕和扣件下落时不要砸伤他人。

③ 拨移钢轨时，作业人员一定要站在钢轨的同一侧，将撬棍插稳，统一指挥、统一动作，防止撬棍滑落伤人。

④ 上扣件时，禁止将手伸入承轨槽和轨底之间，拨动扣件和轨枕时，要用手推撬棍，防止手拉撬棍碰伤头部。

⑤ 拨道时，须将撬棍插在轨底成45°角以上，深度不小于20cm，以免滑撬摔伤。

二、锈钢板安装施工

A小区工程设计有镂空锈钢板景墙和锈钢板种植池。

1. 材料要求

① 锈钢板是结构构件。一般采用国家标准《碳素结构钢》（GB/T 700—2006）中规定的钢板的基板，应保证抗拉强度、屈服强度、延伸率、冷弯试验合格，以及硫(S)、磷(P）的极限含量。焊接时，保证碳(C）的极限含量，其化学成分与物理力学性能需满足要求。锈钢板厚度满足设计要求。

② 锈钢板的尺寸、外形、重量及允许偏差应符合设计要求。

③ 要求锈钢板的力学、防腐、防火性能满足设计和规范的要求。

④ 锈钢板施工使用的焊条为 E43 型。

2. 主要机具

锈钢板安装所需起吊机械，由钢结构安装确定。锈钢板施工的专用机具有锈钢板电焊机，其他施工机具有手提式或其他小型焊机、空气等离子弧切割机、云石机、手提式砂轮机、钣工剪刀等。

3. 作业条件

① 锈钢板施工之前应及时办理有关部位的钢结构安装、焊接、节点处高强度螺栓、涂料等工程的施工隐蔽验收。

② 锈钢板的有关材质复验和有关试验鉴定已经完成。

③ 根据施工组织设计要求的安全措施落实到位，高空行走马道绑扎稳妥牢靠之后才可以开始锈钢板的施工。

④ 安装锈钢板的相邻梁间距大于锈钢板允许承载最大跨度的，两梁之间应根据施工组织设计的要求搭设支顶架。

4. 施工要点

① 锈钢板在装、卸、安装中严禁用钢丝绳捆绑直接起吊，运输及堆放时应有足够支点，以防变形。

② 铺设前对弯曲变形者应校正好。

③ 钢梁顶面要保持清洁，严防潮湿及涂刷涂料未干。

④ 下料、切孔采用等离子弧切割机操作，严禁用乙炔氧气切割。大孔洞四周应补强。

⑤ 是否需支搭临时的支顶架由施工组织设计确定。

⑥ 锈钢板按图纸放线安装、调直、压实并点焊牢靠，要求如下：

a. 花纹对好，以便保证整体效果；

b. 与梁搭接在凹槽处，以便施焊；

c. 每个凹槽处必须焊接牢靠，每个凹槽焊点不得少于一处，焊接点直径不得小于 1cm。

⑦ 锈钢板铺设完毕、调直固定后应及时用锁口机进行锁口，防止由于堆放施工材料和人员交通造成锈钢板咬口分离。

⑧ 安装完毕，应在钢筋安装前及时清扫施工垃圾，剪切下来的边角料应收集到地面上集中堆放；加强成品保护，铺设人员交通马道，减少不必要的锈钢板上的人员走动，严禁在锈钢板上堆放重物。

5. 质量标准

详见《钢结构工程施工质量验收标准》(GB 50205—2020)。

6. 成品保护

① 尽量减少锈钢板铺设后的附加荷载，以防变形。

② 锈钢板经验收后方可交下一道工序施工。凡需开设孔洞处不允许用力凿冲，造成开焊或变形。开大洞时应采取补强措施。

7. 应注意的问题

① 锈钢板安装应在基础结构全部施工完成、检验合格并办理有关隐蔽手续以后进行。

② 锈钢板应按施工要求分区、分片吊装到施工部位并放置稳妥，及时安装，不宜在高空过夜，必须过夜的应固定好。

③ 高空施工的安全走道应按施工组织设计的要求搭设完毕。施工用电应符合安全用电的有关要求，严格做到一机、一闸、一漏电。

④ 锈钢板应用冷作（利用手工工具或机械对金属板料、型材和管件等进行落料、切割、成形、连接等，以制成各种制品的加工过程）、空气等离子弧（图 6-8）等方法切割，严禁用氧气-乙炔焰切割（高温导致反应剧烈，无法保证断面光滑；另外加上氧化反应、增大的热影响区，使切割质量相对较差，容易出现切缝宽、断面斜纹、表面粗糙及焊渣等质量缺陷）。

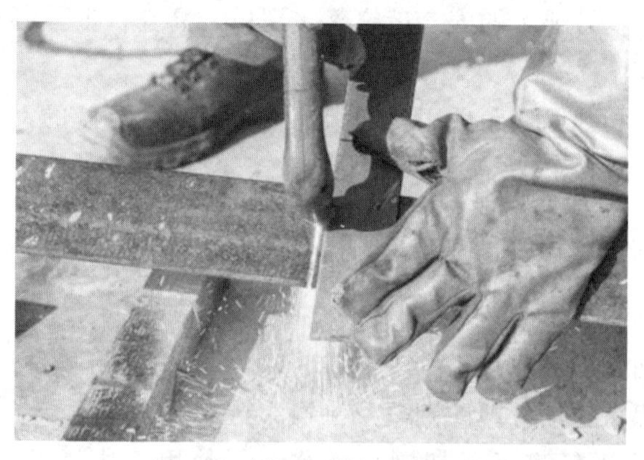

图 6-8 锈钢板等离子弧切割

三、防腐木施工

本工程设计有木坐凳、滑轨坐凳、木平台等木作工程，木质有欧洲红松、芬兰防腐木等。

1. 材料简介

本工程选用优质欧洲红松、芬兰防腐木，并且选用优质防腐木蜡油做深层防腐处理，深入渗透至木材纹理内，防腐深度可达材料厚度的 70%～80%。表面采用木油做仿生处理，颜色可调。

2. 施工方法

（1）固定铺设法

用膨胀螺栓把龙骨固定在地面上，应采用尼龙材质的膨胀螺栓（抗老化比较好），铁膨胀管应涂刷防锈漆，然后铺设防腐木（图 6-9）。

（2）活动铺设法

① 用不锈钢十字螺栓在防腐木的正面与龙骨连接。

② 用螺栓把龙骨固定在防腐木反面，几块拼成一个整体，既不破坏地面结构，也可自由拆卸清洗。

③ 悬浮铺设法，龙骨在地面找平，可连接成框架/井字架结构，然后铺设防腐木。

图 6-9 铺设防腐木

3. 工艺要求

① 设计施工中应充分保持防腐木与地面之间的空气流通，可以更有效延长木结构基层的寿命。

② 制作安装防腐木时，防腐木之间需留 0.2～1cm 的缝隙（根据木材的含水率再决定缝隙大小，木材含水率超过 30%时不应超过 0.8cm 为好），可避免雨天积水及防腐木的膨胀。

③ 对于厚度大于 50mm 或者大于 90mm 的方柱，为减少开裂，可在背面开一道槽。

④ 应用不锈钢、热镀锌或铜制的五金件（主要避免日后生锈腐蚀，并影响连接牢度），连接安装时应预先钻孔，以避免防腐木开裂。

⑤ 尽可能使用现有尺寸及形状，加工破损部分应涂刷防腐剂和户外防护涂料。因防腐木本身是半成品，毛糙部分可在铺完后等木材含水率降到 20%以下，再砂光（用砂带砂平）表面一遍。如想有更好的效果，表面清理干净后亦可涂刷户外防护涂料（如用有颜色的防护涂料，应充分搅匀）。如遇阴雨天，最好先用塑料布盖住，等天晴后再刷户外保护涂料（注：涂刷后 24h 之内应避免雨水）。

⑥ 表面用户外防护涂料或油基类涂料涂刷完后（只需一遍），为了达到最佳效果，48h 内避免人员走动或重物移动，以免破坏防腐木面层已形成的保护膜。如想取得更优异的防脏效果，必要时面层再做两道专用户外清漆处理。

⑦ 由于户外环境下使用的特殊性，防腐木会出现裂纹、细微变形，属正常现象，并不影响其防腐性能和结构强度。

⑧ 一般户外木材防护涂料是渗透型的，在木材纤维上会形成一层保护膜，可以有效阻止水对木材的侵蚀，可用一般洗涤剂进行清洗，工具可用刷子。

4. 后期维护

1～1.5 年做一次维护，用专用的木材水性涂料或油性涂料涂刷即可。

【知识链接】

一、景观小品的分类

一般按其功能分为如下五类。

① 提供休息功能的景观小品，包括各种造型的靠背园椅、凳子、桌子，以及遮阳的伞、罩等。通常会结合周围环境，使用自然块石或混凝土来制作仿石、仿树墩的凳子和桌子；或者利用花坛、花台边缘的矮墙来制作椅子、凳子等。在大树的周围设置椅子和凳子，既可以休息，又能享受树荫。

② 装饰性小品，包括各种固定和可移动的花盆、装饰瓶，可以经常更换花卉。此外，还有装饰性的香炉、水缸，以及各种景墙、景窗等，它们在景观中起到点缀作用。

③ 结合照明的小品园灯的基座、灯柱、灯头、灯具都有很强的装饰作用。

④ 展示性小品的各种布告板、导游图板、指路标牌，以及动物园、植物园和文物古建筑的说明牌、阅报栏、图片画廊等，都对游人有宣传、教育的作用。

⑤ 服务性小品：为游人服务的饮水泉、洗手池、公用电话亭、时钟塔等；为保护景观设施的栏杆、竹墙、花坛绿地的边缘装饰等；为保持环境卫生的废物箱等。

二、景观小品的创作要求

在设计景观小品时，应根据自然景观和人文风情进行构思。选择合适的位置和布局，做到巧妙得体、精致适宜。要充分反映建筑小品的特色，将其巧妙地融入景观造型之中，同时不破坏原有风貌，做到涉门成趣，得景随形。通过对自然景物形象的取舍，使造型简洁的小品获得丰富充实的景观效果，充分利用建筑小品的灵活性和多样性以丰富景观空间。巧妙地点缀可以突出需要表现的景物，将影响景物的角落巧妙地转化为游赏的对象。通过寻找对比，将两种明显差异的素材巧妙地结合起来，相互烘托，突显双方的特点。

三、其他类型景观小品施工技术

1. 花坛施工技术

A 小区花坛均为砖砌，一种是高度为 50cm，宽度为 30cm，基础深 20cm，花岗岩贴面装饰；另一种是高度为 60cm，宽度为 30cm，基础深 20cm，雨花石贴面装饰。

① 定点放线。可根据设计图纸，应用几何原理，直接用皮尺量好尺寸，并用石灰线做出明显标记。对于较为复杂的花坛，要求线条准确无误，必须用方格法放线。

② 花坛墙体的砌筑。放线完成后，开挖墙体基槽，槽底土面要整齐、夯实。在砌基础之前，槽底做一个 3cm 厚的粗砂垫层。用砖砌筑墙体，墙体砌筑好之后，回填泥土将基础埋上，并夯实泥土。再用水泥和粗砂配成 1∶2.5 的水泥砂浆对墙抹面，抹平即可，不要抹光。

③ 花坛饰面。花坛砌体材料主要是砖、文化石、蘑菇石、卵石等，通过选择砖和石的颜色与质感，以及砌块的组合变化、砌块之间勾缝的变化，形成美的外观。花坛表面装饰种类较多，应根据设计图纸选择不同石材。有些石材表面通过拉丝、火烧等方式可以得到不同的表面效果。

由于花坛贴面材料较重，因此需要相关辅助材料固定支撑。这些支撑应待水泥砂浆干后 1～2 天再进行拆除。有些花坛边缘还有可能设计有金属矮栏花饰，这些矮栏应在饰面之前安装好。矮栏的柱脚要埋入墙内，并用水泥砂浆浇筑固定。

2. 木扶手制作与安装

① 找位与画线。安装扶手的固定件，位置、标高、坡度校正后弹出扶手纵向中心

线。按设计扶手构造，根据折弯位置和角度画出折弯或割角线。对于楼梯栏板和栏杆顶面，画出扶手直线段与折弯段起点和终点的位置。

② 弯头配置。按栏板或栏杆顶面的斜度，配好起步弯头。对于一般木扶手，可用扶手料割配弯头。采用割角对缝黏结，在断块割配区段内最少要用三个螺钉与支撑固定件连接固定。大于 70mm 断面的扶手接头配置时，除黏结外，还应在下面做暗样或用铁件结合。

③ 连接预装。预制木扶手须经预装。预装木扶手由下往上进行，先预装起步弯头及连接第一跑扶手的折弯弯头，再配上折弯之间的直线扶手料，进行分段预装黏结，黏结时操作环境温度不得低于 5℃。

④ 固定分段预装。检查无误后，进行扶手与栏杆（栏板）的固定。用木螺栓拧紧固定，固定间距控制在 400mm 以内。操作时，应在固定点处先将扶手料钻孔，再将木螺栓拧入。

⑤ 整修。扶手折弯处如果不平顺，应用细木锉锉平，找顺磨光，使其折角线清晰，坡角合适，弯曲自然，断面一致。最后用木砂纸打光。

3. 玻璃栏板安装

① 扶手的紧固点应该是牢固的，例如墙体、柱体或金属附加柱体等。可以预先在主体结构上埋设铁件，然后将扶手与预埋件焊接或用螺栓连接。扶手应该是通长的，如需要接长时，可以拼接，但不应该显露接缝痕迹。金属扶手的接长应采用焊接，焊接后需要打磨修平并抛光。扶手与玻璃的连接可以在不锈钢或黄铜圆管扶手内加设型钢，以提高扶手的刚度并便于玻璃栏板的安装。

② 栏板玻璃的块与块之间宜留出 8mm 的间隙，间隙内注入硅酮（聚硅氧烷）系列密封胶。栏板玻璃与金属扶手、金属立柱及基座饰面等相交的缝隙处，均应注入密封胶。

③ 栏板的底座固定玻璃时，多采用角钢焊成的连接固定件，可以使用两条角钢，也可只用一条角钢。当底座部位设两条角钢时，留出间隙以安装固定玻璃，间隙的宽度为玻璃的厚度再加上每侧 3～5mm 的填缝间距。固定玻璃的铁件高度不宜小于 100mm，铁件的布置中距不宜大于 450mm。当栏板底座固定铁件只在一侧设角钢时，另一侧则采用钢板。安装玻璃时，利用螺栓加橡胶垫或利用填充料将玻璃挤紧。玻璃的下部不得直接落在金属板上，应使用氯丁橡胶将其垫起。玻璃两侧的间隙也应用橡胶条塞紧，缝隙外边注胶密封。

【拓展训练】

① 调查某公园绿地景观小品并进行归类。

② 在实训场地尝试进行景墙小品曲线放样。

③ 选择一个景观小品进行现场安装施工，并写出施工方案。

扩展阅读

中国古典园林中的建筑小品

1. 盆景

盆景在我国已有一千多年的历史，它是一种在盆内设置、因盆而成的景观。盆景最大的特点就是能将自然界的真山水或有生命力的花草树木等，浓缩在小小的花盆之中，形成一种少而精致的“立体画卷”。

2. 石桌、石凳

园林景观追求自然、随意、开敞，而园林中观赏景物也是如此。在露天处设置观赏点，置有石桌、石凳等以供赏景时坐息，或是供闲时下棋、读书之用。

3. 碑碣

碑是一种标志或纪念性设置，碣是一种相对体量小的碑。现在常将碑碣连用，专指碑或是统称碑碣类设置。园林碑碣往往刻有名家书法，并且所录也多是名诗名文，雅致隽永，具有很高的艺术与欣赏价值。

项目七

绿化施工

知识要求

① 熟悉乔木选择要求和种植要求。
② 了解大树移植的特点和过程。
③ 了解灌木植物的选择要求，熟悉其用途和功能。
④ 熟悉不同用途灌木的施工特点和栽植程序。
⑤ 了解草坪建植工程的施工流程。

技能要求

① 能正确选择庭荫树，并按要求在适宜场地栽植。
② 能组织对大树（常绿、落叶）的移植。
③ 会选择灌木并完成苗木处理、运输和假植。
④ 能根据设计要求和灌木生长特点，进行灌木的种植。
⑤ 能组织进行草坪的铺设。

素质要求

① 培养文明施工素质。
② 培养团队协作素质。
③ 注重施工过程中安全意识的养成。

对于面积较大的室外环境景观项目，人工硬质铺装和构筑物占比一般不会太大，绝大多数的空间都将由植物占据。因此植物配置设计以及绿化施工的水平对于一个场地、区域的景观效果具有非常重要的影响。绿化施工过程包含施工准备工作、栽植乔灌草和绿化养护等工作。在施工前应合理进行施工组织设计，安排好施工周期和进度。

本项目重点介绍了乔木、灌木及地被草坪的种植施工过程。根据 A 小区工程案例，本项目绿化施工主要涉及乔灌草施工前期准备、栽植实施、后期管养等阶段的基本内容。

绿化施工单位在工程开工前需要从工程主管单位和设计单位了解工程范围和工程量，包括每个工程项目的范围和要求。根据工程的施工期限和工程投资及设计预算、设计意图，并根据施工现场地上、地下情况，在施工过程中及时调整施工方案。施工前还要确定绿化工程的材料来源并准备施工机械和运输。

乔木种植施工

植物种植主要有乔木种植、灌木种植、地被种植几种类别。其中乔木种植主要营造绿荫景观以及形成绿植边界景观。而乔木中冠大荫浓的庭荫树，可以形成绿荫以降低局部区域的气温，遮蔽烈日，创造舒适、凉爽的环境，并提供良好的休息和娱乐环境。在绿化中树的高度富有变化，能形成良好的天际线，起到空间层次骨架作用。庭荫树可选择的树种较多，可选用名贵树种和观花观果类乔木进行点缀。栽植形式一般有孤植、对植或 3～5 株丛植，具体配植方式可根据园区面积大小以及建筑物的高度、色彩等确定。A 小区乔木种植施工图局部见图 7-1。

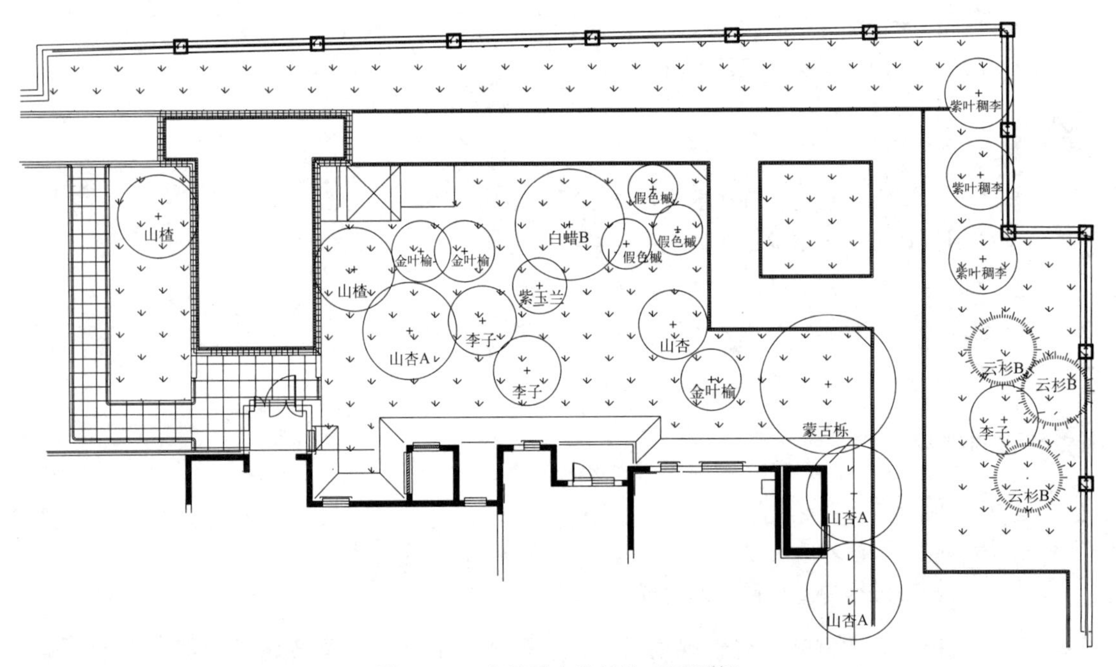

图 7-1　A 小区乔木种植施工图局部

【工作流程】

施工前准备→定点放线→挖穴→乔木修剪→庭荫树栽植。

【操作步骤】

步骤一：施工前准备

1. 阅读 A 小区绿化施工图纸

对发现的问题应做出标记，做好记录，以便在图纸会审时提出。在踏勘现场过程中，由工程负责人组织施工技术人员了解以下情况。

① 施工现场的土质情况。在进行任何土壤处理之前，应请专业的土壤工程师或环境工程师进行现场评估和测试，以确保准确的结论。对庭院中心池塘周围土壤进行测试，可以帮助确定土壤的质量和适应性。

客土量及来源：如果更换土壤，需要估计所需的客土量。这取决于池塘周围的面积和所需的土壤深度。客土可以从多个来源获取，例如土地开发项目、农田改造或其他施工项目。可以与当地的土地资源管理机构或土地开发商联系，了解是否有可用的客土供应。

规格较大苗木土壤厚度：苗木的种植要求因植物种类而异。一般而言，苗木需要足够的土壤深度来容纳其根系，并提供充足的养分和水分。

② 场地内外是否便于机械车辆通行。如果交通不便，要考虑苗木运输路线。庭院内部的苗木运输一般以人力车和人工为主。

③ 施工前要考虑地下管线位置，苗木种植坑开挖时防止管线遭受破坏。

④ 了解苗木种类、规格和数量，考虑是否就近选择乡土树种或选择已驯化成功的外来树种。根据设计施工图纸，A 小区主要庭荫树有云杉、蒙古栎、李子、山杏、山楂、紫玉兰、假色槭、紫叶稠李等，都是乡土树种。

另外，在审查图纸内容时，需要充分理解其含义。要确保图纸说明完整、完全、清晰，以便准确理解设计意图。此外，需要验证图纸中的尺寸和标高是否准确，以确保施工过程中的精确度。同时，需要核对图纸中植物表所列数量与图中植物符号数量是否一致，以避免信息不一致的情况。如果发现任何不妥之处，应及时与设计师和业主进行沟通，以确保图纸的准确性和一致性。

在审查图纸时，还应充分考虑施工技术是否存在困难，以及施工过程中是否能确保质量和安全。此外，需要评估植物材料的数量和质量是否能满足设计要求。同时，需要注意地上与地下、建筑施工与种植施工之间是否存在冲突或矛盾。还需要考虑各种管道和架空电线对植物的影响，以确保设计的可行性和安全性。

总之，审查图纸时，需要全面考虑各个方面的因素，并与相关人员进行及时沟通，以确保设计的准确性、一致性和可行性。

最后是植物准备。在景观设计中，选择适合的乔木树种时，需要考虑以下要求：生长健壮、树势恢复能力强、树造型变化丰富、枝条分布均匀、枝干生长发育良好、树皮无破损。对于落叶乔木，应确保具有一定的分枝高度；对于常绿苗木，树冠应该丰满匀称，枝叶色泽正常，顶芽充实饱满，没有徒长枝、病虫枝、枯死枝或下垂枝。此外，选择根系发育良好的苗木很重要，裸根苗木的主侧根应达到足够的数量。对于常绿树种，中央主枝不能受到病虫害或机械损伤的影响。

施工时应对庭荫树进行编号，使施工有计划地顺利进行。方法是把栽植坑及要移栽的大树均编上一一对应的号码，使其移植时可对号入座，以减少现场混乱及事故。定向是指在树干上标出南北方向，使其在移植时仍能保持它按原方位栽下，以满足它对蔽荫及阳光的要求。

步骤二：定点放线

1. 徒手定点放线

庭院中大部分庭荫树采用这种方式。放线时应选取图纸上已标明的固定物体（建筑或园林硬质小品）作为参照物，并在图纸和实地上量出它们与将要栽植植物之间的距离，然后用白灰或标桩在场地上加以标明，依此方法逐步确定植物栽植的具体位置。此法误差较大，一般可以用在要求不高和绿地面积较小的场所。

2. 网格放线法

该法适用于范围大而地势平坦的绿地。先在图纸上以一定比例画出方格网，把方格网按比例测设到施工现场（多用经纬仪），再在每个方格内按照图纸上的相应位置进行绳尺法定点。

3. 其他放线方法

① 标杆放线法，多在测定地形和栽植点较规则时应用。

② 对于成片整齐式种植或行道树，也可用仪器和皮尺定点放线。定点的方法是先将绿地的边界、园路广场和建筑物等的平面位置作为依据，量出每株树木的位置，钉上木桩，写明树种名称。

无论采用何种放线法都应力求准确，其与图纸比例的误差不得大于以下规定：1∶200 者不得大于 0.2m；1∶500 者不得大于 0.5m；1∶1000 者不得大于 1m。

步骤三：挖穴

在进行树穴挖掘之前，必须严格按照定点放线标定的位置和规格进行操作。首先，以定点标记为圆心，按照规定的尺寸画一个圆圈。然后，沿着边线垂直向下挖掘，确保穴底平整，避免挖成锅底形状。

树穴的规格应根据移栽树木的规格、栽植方法和栽植地段的土壤条件来确定。对于裸根栽植的树苗，树穴直径应比裸根根幅放大 1/2，树穴的深度为穴坑直径的 3/4。对于带土球栽植的树苗，树穴直径应比土球直径大 40～50cm，树穴的深度为穴坑直径的 3/4。在土壤黏重、重板结的地段，树穴尺寸应按规定再增加 20%。

当树穴达到规定深度后，还需要向下再翻松约 20cm 深，为根系的生长创造条件。树穴挖好后，可以在坑内填一些表土。如果坑内土质差或有很多瓦砾，建议清除瓦砾，并最好更换新土。在施工地段进行挖方操作或遇到特别黏重坚硬的土壤时，穴与穴之间应挖沟互相连通（可以挖槽或就近挖盲沟），以利于排水。在填土上挖掘树穴时，还需要考虑土壤下沉的深度。

在挖掘树穴时，应将表土放置一侧备用，而挖掘出来的建筑垃圾、废土和杂物则放置另一侧（图 7-2），集中运出施工现场，并回填适量的种植土。如果在挖掘树穴的过程中遇到各种地下管道或构筑物，应立即停止操作，并报告主管部门以便妥善解决。

图 7-2　树穴内有建筑垃圾等需清理

步骤四：乔木修剪

栽植前应进行乔木苗木根系修剪，宜将劈裂根、病虫根、过长根剪掉，并对树冠进行修剪，保持地上和地下平衡。

1. 落叶乔木的修剪

① 对树形高大、主干明显的树种（银杏等），应以疏枝为主，保护主轴的顶芽，使中央主干直立生长。对保留的主侧枝，应在健壮芽上短截，可剪去枝条（1/5）～（1/3）。对干径为 5～10cm 的苗木，可选留主干上的几个侧枝，保持原有树形进行短截。

② 对主轴不明显的落叶树种（槭树类），应通过修剪控制与主枝竞争的侧枝，使主枝直立生长。对干径在 10cm 以上的树木，可疏枝，保持原树形。

③ 对易萌发枝条的树种（杨树、柳树等），栽植时注意不要造成下部枝干劈断。定干的高度根据环境条件来确定，一般为 1～2m。

2. 常绿树的修剪

① 中、小规格的常绿树移栽前一般不剪或轻剪。

② 栽植前只剪除病虫枝、枯死枝、生长衰弱枝、下垂枝等。

③ 对于常绿针叶类树，只能疏枝、疏侧芽，不得短截和疏顶芽。

④ 对于高大常绿乔木，宜于移栽前修剪，疏枝应与树干齐平、不留桩。

⑤ 具有明显主干的高大常绿乔木，应保持原有树形，适当疏枝。对于枝条茂密、具圆头形树冠的常绿乔木，可适量疏枝；对于枝叶集生树干顶部的苗木，可不修剪。

步骤五：庭荫树栽植

庭荫树栽植时要保持树体端正，上下垂直，不得倾斜，并尽可能照顾到原生长地所处的阴阳面。置放苗木时要做到轻拿轻放，裸根苗直接放入树穴，带土球苗暂时放在树穴一边，但不得影响交通。

1. 栽植方式

（1）规则式栽植

① 树干定位必须横平竖直，树干应在一条直线上。

② 相邻近苗木规格（干径、高度、冠幅、分枝点）应要求一致，或相邻树高度差不超过 50cm，胸径差不超过 1cm。

③ 栽植时宜先确定标杆树，然后以标杆树为瞄准的依据，三点连成一线，全面开展定植工作。

（2）丛植苗木定植

① 树木高矮、干径及体量大小要搭配合理，符合自然要求。

② 从四面观赏的树丛，要将高的苗木定植在中间或根据需要偏于一隅，矮的苗木定植在四周。

③ 从三面观赏的树丛，高的苗木定植在后，矮的苗木定植在前。

（3）孤植树定植

① 应将最佳观赏面迎着主要方向。

② 孤植的大树若树干有弯，其干凹的一面应尽量朝西北方向。

2. 栽植方法

（1）栽植深浅程度

① 一般栽植裸根苗，根径部位易生不定根的树种时，或遇栽植地为排水良好的沙壤土时，均可适当栽深些，其根茎（原土痕）处低于地面 5～10cm。

② 带土球苗木、灌木或栽植地为排水不良的黏性土壤，均不得深栽，根径部略低于地面 2～3cm 或平于地面。

③ 常绿针叶树和肉质根类植物，土球入土深度不应超过土球厚度的 3/5。在黏性重、排水不良地域栽植时，其土球顶部至少应在表土层外，栽后对裸露的土球应填土成土包。

（2）带土球苗木栽植方法

① 带土球苗木吊放树穴时，应选择树冠最佳面为主要欣赏方向，必须一次性妥善放置到树穴内，将苗木扶正。如需要转动，须使土球略倾斜后，慢慢旋转，切勿强拉硬扯，造成土球破损。

② 土球放置在树穴后，要全部剪开土球包装物并尽量取出，使土球泥面与回填土密切结合。

③ 带土球苗木栽植前，应先将表土（营养土）填入靠近土球部分，当填土 20～30cm 时应踏实一次。对于大型土块要敲碎，将细土分层填入，逐层脚踏或用锹把土夯实，注意不要损伤根或土球。

④ 栽植后应将捆绕树冠的草绳解开，使枝条舒展。

（3）裸根苗木栽植方法

① 裸根苗木入坑前，先将表土（营养土）填入坑穴至一个小土包，以便裸根苗木放入树穴后根系自然伸展。

② 裸根苗木栽植前必须将包装物全部清除至坑外，避免日后气温升高，包装材料腐烂发热，影响根系正常生长。

③ 栽植裸根苗木时，在回填土回填至一半时，须将苗木向上稍微提一下，以便使根颈处与地面相平或略低于地面，用脚踏实土壤。

④ 围堰。苗木栽好后，应在树穴周围用土筑成高 15～20cm 的土围堰，其内径要略

大于树穴直径。围堰要筑实，围底要平，用于浇水时挡水（图 7-3）。

图 7-3　围堰浇水

3. 浇水

① 移栽苗木定植后必须浇足三次水，第一次要及时浇透定根水，渗入土层约 30cm 深，使土壤充分吸收水分并与根系紧密结合，以利于根系的恢复和生长；第二次浇水应在定根后 2～3 天进行；再相隔约 10 天浇第三次水，并灌足灌透，以后可根据实际情况酌情浇水。

② 新移植的常绿树除了对根部浇水外，还要对树冠和叶片进行喷水，以减少树体蒸腾而失水。

③ 灌溉水以自来水、井水、无污染的湖塘水为宜。为节约用水，经化验后不含有毒物质的工业废水、生活废水也常作为灌溉水。

④ 在灌水时，切忌水流量过大冲毁围堰；如发生土壤下陷，应及时扶正树木并培土。

4. 封堰

浇三遍水之后，待充分渗透，用细土封堰，填土 20cm，保水护根，以利成活。

5. 设置支柱及保护器

为减少人为和自然损害造成树木倾斜、损伤，需要设立支柱或保护器。

① 绕干。对新植树木用草绳或遮阳网绕干，其绕干高度为 1.3m。

② 立支柱。栽植树冠较大的乔木时，应立支柱支撑。对于大规格或枝繁叶茂的乔木等，用四角支撑，即取四根杉木，支撑树体中某一点。在苗木茎干上的绑扎点应用麻布或橡胶块包住，以免磨去皮层，或引起环剥。四根杉木均匀布置，着地点用石块垫于下部或将毛竹打入地下。在苗木茎干的被支撑处（绑扎点）用麻绳或尼龙绳将杉木固定绑好。

③ 保护器。为了防止人为践踏和机械碰撞，应在庭院地坪上种植的每棵树木的树穴处安装镂空的铸铁或水泥盖板，并在盖板上配备支架来保护树木。在同一条道路上，应确保保护器的规格一致，整齐、结实、美观，以确保不影响交通。

【知识链接】

一、挖苗

苗木的挖掘工作由苗圃（场）工作人员负责执行。施工单位可以根据树种特性、苗木规格、土壤类型、移植季节以及具体施工要求（例如大树移植需要断根处理）等因素，向苗圃（场）工作人员提出关于挖掘苗木根盘大小、土球规格和质量等方面的要求。

一般来说，落叶乔木的根径应为苗木胸径的10倍，而落叶灌木的根径应为苗木胸径的8～10倍。土球的高度应为土球直径的2/3，而土球底部的保留规格应为土球直径的1/3。

以上要求旨在确保苗木的根系完整，并提供适当的土壤和根球支撑，以促进苗木的顺利移植和生长。

如果土壤干燥，挖苗时应要求苗圃（场）工作人员在挖苗前2天灌一次水，增加土壤黏着力。土壤过湿时应提前挖沟排水，以利挖苗和减少根系的损伤。

为便于苗木的挖掘和运输，宜在苗圃（场）内对部分大规格乔木（意杨、法桐、樟树等）按设计要求进行适当疏枝或短截主干，对蓬散的常绿树树冠进行适当的包扎。

1. 裸根苗木的挖掘

① 挖掘裸根苗木时，应从根盘的外侧以环状开沟，铲去表土，然后沿沟壁直挖至规定的深度，待主要侧根全部切断后从一侧向内深挖，但是主根未切断前不得用猛力拉摇树干，以免损伤根系。切断主根后用锹掏空土球泥土，注意勿损伤须根，随根土要保留。

② 挖裸根苗木时如遇到较粗大根系，宜用手锯锯断，保持切口平整，切断主根时宜用利铲，防止造成主根劈裂。

2. 带土球苗木的挖掘

① 挖掘常绿树、名贵树和观赏花木时均要带土球。

② 挖掘苗木前先剪掉处于主干基部的无用枝，并采用护干、护冠措施，再刨去表层土壤，以不伤表层根为度。在保证土球规格的原则下将土球表修整光滑，呈上大下小的倒卵圆形。

③ 包装材料要结实，草质包装物必须事先用水浸湿，土球包扎要紧密，土球底部要封严而不能漏土。

④ 挖掘苗木和进行土球包装时，应注意防止苗木摇摆和机械损伤，确保土球完整。

⑤ 土球包装方法一般按以下规定实施：土球直径在50cm以下，采用橘瓣式包装（单股单轴）；土球直径为55～80cm，进行腰箍，采用橘瓣式包装（单股单轴）；土球直径为85～100cm，采用铜钱式包装（单股单轴）。

二、苗木假植

若已挖掘的苗木因故不能及时栽植下去，应将苗木进行临时假植，以保持根部不脱水，但假植时间不应过长。

① 假植场地应选择靠近种植地点、排水良好、湿度适宜、避风、向阳、无霜害、近水源、搬运方便的地方。

② 裸根苗木假植采取掘沟埋根法：挖掘宽1～1.5m、深0.4m的假植沟，将苗根朝北排放整齐，一层苗木一层土，将根部埋严实，短时间假植（1～2天）可用草席覆盖。遮阴、洒水、保温。

③ 带土球假植，可将苗木直立，集中放在一起。若假植时间较长，应在四周培土至土球高度的1/3左右夯实，苗木周围用绳子系牢或立支柱。

④ 假植期间要加强养护管理，防止人为破坏。应适量浇水保持土壤湿润，但水量不宜过大，以免土球松软。晴天时还应对常绿树的枝叶喷水，注意防治病虫害。

⑤ 苗木休眠期移植，若遇气温低、湿度大、无风的天气，或苗木土球较大，在1～2天内进行栽植时，可不必假植，应用草帘覆盖。

三、苗木运输

① 苗木挖好后应在最短的时间内运到栽植现场，坚持做到随挖、随运、随种的原则，装苗前要核对树种、规格、质量和数量，凡不符合要求的应予以更换。

② 装卸、托运苗木时应重点保护好苗根，使根处在湿润条件下。长途运输裸根苗时采用根部垫湿草、沾泥浆的方式，再行包装，在苗木全部装车后还要用绳索绑扎固定，避免摇晃，并用草席等覆盖遮光、挡风，避免风干或霉烂，尽量减少苗木的机械损伤。

③ 装运高大苗木时要水平或倾斜放置，苗根应朝向车前方，带土球的苗木其土球小于30cm时可摆放两层，土球较大时应将土球垫稳，一棵一棵排列紧实。对于灌木苗和高度在1.5m以下带土球苗可以直立装车，但土球上不得站人或放置重物。

④ 苗木装运时，凡是与运输工具、绑缚物相接触的部位均要用草衬垫，避免损伤苗木。

⑤ 苗木装卸时要做到轻拿轻放，并按顺序搬移，不得随意抽拽，裸根苗木也不准整车推卸。

⑥ 带土球苗木在装卸时不准提拉枝干，土球较小时，应抱住土球装卸；若土球过大，要用麻绳、夹板做好牵引，在板桥上轻轻滑移或采用吊车装卸，勿使土球摔碎。

⑦ 苗木装卸时，技术负责人要到现场指挥，防止机械吊装碰断杆线等事故发生，同时要注意人身安全。

四、非适宜季节树木移植

适宜季节植树成活率高，但是实际施工中由于种种原因经常需要在非适宜季节移植树木。施工方为保证较高的树木移植成活率，按期完成植树工程任务，往往需要采取树木生长期移植技术。

1. 常绿树的移植

① 有足够时间准备的工程在适宜树木移植季节内（春季）将树苗带土球掘好，提前运到假植场地，装入大于土球的筐、木桶或木箱内，按一定的株行距摆好，培土固定，待有条件施工时立即定植。

② 无时间准备的工程可直接挖苗运载，但须采取有效措施减少水分蒸腾。若树木正萌发二次梢或处于旺盛生长期，则不宜移植。

直接移植时应加快速度，事先做好一切准备工作，做到随掘、随运、随栽、环环紧扣，以缩短施工工期。移栽后采取特殊的养管措施。

a. 苗木树干缠草绳，立支柱或保护器防止人为破坏。

b. 及时、多次灌水和进行枝叶喷雾，夏季适宜灌水时间为上午9时前和下午5时后，冬季则在中午灌水。

c. 炎热夏季，白天还可在树穴上铺置草袋，晚上揭开透气。

d. 有条件的最好采用遮阴防晒棚。

e. 入冬还应有防寒措施。

2. 落叶树的移植

(1) 掘苗

于早春树木休眠期预先将苗木带土球掘好，土球规格可参照同等干径的常绿树。

(2) 做假土球

秋季树木落叶后将裸根苗木掘起，用人工另造土球（假土球）。方法是在地上挖一个圆形底坑，将事先准备好的蒲包平铺于坑内，然后将树根放置在蒲包上，保持树根舒展，填入细土，分层夯实直至与地面平齐，即可成圆形土球。用草绳在树干基部封口后，将假土球挖出，捆草绳打包。

(3) 装筐

筐可用紫荆条或竹丝编成，筐的大小较土球直径、高度都要大 20～30cm。装筐前先在筐底垫土，然后将土球放于筐正中，填土夯实直至距筐沿还有 10cm 高时为止，并沿筐边培土夯实作为灌水堰。对于大规格苗木，最好装木桶或木箱。

(4) 假植

① 假植时应选择在高而干燥、排水良好、水源充足、交通便利、距施工现场较近的地方。

② 分区假植：按树种、品种、规格划分假植区，株间距以当年新生枝互不接触为最低限度。

③ 先挖好假植坑，深度为筐高的 1/3，直径以能放入筐为准，放好筐后填土至筐的 1/2 处拍实，并沿筐边做好灌水堰。

(5) 假植期间的养护管理

① 灌水：培土后连灌三次水，以后视干旱情况经常灌水，但应避免生长过旺。

② 修剪：装筐时进行重于正常栽植期的修剪。在假植期间还应经常修剪，以疏枝为主，严格控制徒长枝，及时去聚，入秋后经常摘心，以充实下部枝条。

③ 排水防涝：雨季事先挖好排水沟，及时排出积水。

④ 病虫害防治：及时防治病虫害，以利于假植苗正常生长。

⑤ 施肥：假植期间可以施用少量速效氮肥，如用 0.1%的尿素进行叶面施肥或根施。

(6) 装运栽植

若施工现场具备植树施工条件，则应及时定植，环环紧扣，以利成活，方法与正常植树相同。

① 栽植前将培土扒开，停止灌水，风干土球表面，使之坚固，以利吊装。

② 若发现筐已腐烂，可用草绳加固。

③ 吊装时捆吊粗绳的地方加垫木板，以防粗绳勒入土球过深造成散坨。

④ 栽植时连筐入坑底，但凡能取出的包装物尽量取出并及时填土夯实。

⑤ 加强养护管理，及时灌水、遮阴，以利迅速恢复生长，及早达到绿化效果。

五、大树移植

大树一般是指胸径在 20cm 以上的落叶乔木和胸径在 15cm 以上的常绿乔木，移植这种规格的树木称为大树移植，有时也称为壮龄树木或成年树木移植。

1. 大树移植前的准备工作

① 树木的选择和“号苗”。按照绿化工程设计规定的树种、规格及特定的要求（树形、姿态、花色、品种），施工人员到树木栽植地进行选树。

a. 选择经过移栽、生长健壮、无病虫害、树冠丰满、观赏价值高、易抽发新生枝条的壮龄树木。对于野生树种，宜选择土层深厚或在植物群落稀疏地段的树木。

b. 掌握树木生长的环境、土壤结构及干湿情况，确定选苗和采取的有效措施。

c. 具有便于机械吊装及运输的条件，或经过修路后能通行吊车及运输车辆。

d. 了解树木的权属关系，办好购树的有关手续。

② 建卡编号。对已选中的大树做出明显的标记并建卡、编号，写明树种、高度、干径、分枝点的高度、树形、主要观赏面、地点、土质、交通、存在的问题及解决的办法，然后统一编号，以便栽植时对号入座。

③ 办理运苗手续。大树移植需要市政等有关单位配合，移植前应与市政、供电、交管、环卫等部门办理运苗手续，核发交通通行证，确保施工进度。

④ 机具准备。挖掘前应准备好所需要的全部工具、材料、吊车及运输车辆，并指定专人负责。

⑤ 大树切根移植。在适宜植树季节移植大树，可直接挖苗移栽；在非适宜植树季节移植大树或移植名贵树种及不适于修剪的树种，移植前均应采用切根技术。方法是：在移植前2～3年的春、秋季节进行，以树干为中心，以胸径的3～4倍为半径，沿根径部画一个圆形，将其分成四等份。挖沟分两年进行，第一年先挖相对的两条沟，第二年再挖另外相对的两条沟。沟宽40～50cm、深50～80cm，挖掘时如遇粗根，应用利斧将其砍断，或采用环状剥皮，剥皮宽约10cm，涂抹0.001%的生长素，埋入肥土，灌水促发新根。第三年沟中长满须根以后，挖掘大树时应从沟的外围开挖，尽量保护须根。

2. 大树的挖掘

（1）大树裸根挖掘

落叶大乔木、灌木在休眠期均可裸根挖掘。

① 大树裸根挖掘，其根盘大小为胸径的8～10倍。

② 掘苗前应对树冠进行重剪，尤其是对易萌芽的树种（槐树等），可在规定的留干高度进行“拦头”修剪，注意避免枝干劈裂。

③ 挖掘裸根大树的操作程序与挖土球苗一样，在土球挖好后用锹铲去表土，再用两齿耙轻轻去掉根附近的土壤，尽量少伤须根。

（2）大树带土球挖掘

① 大树带土球挖掘，其土球直径为胸径的8～10倍，土球高度为土球直径的2/3。若地下水位较高，大树根系垂直方向分布较少，则土球可以酌减。

② 挖掘前应对常绿阔叶树进行适度修剪，针叶树因无隐芽可萌发，只能适当疏枝以减少蒸腾。然后用草绳将树冠捆扎收紧，保护树冠的完整。

③ 掘苗前用支撑杆将苗木支撑牢固，以便掘苗时确保大树和操作人员的安全。

④ 土球挖掘方法。以树干为中心，按土球规格画线作圆，先按圆周线垂直挖掘 60～80cm 的环状沟槽，并注意根系分布情况。当遇到 4～5cm 的粗根时，应用手锯或利斧将其砍断，伤口面要光滑。当底根露出时，再向土球底部掏挖，然后用韧性较好的麻绳绑扎腰箍，并继续将土球包扎好。若发现土球土壤部分脱落，应用草绳、草包等物填充，再行包装。

3. 大树带土球的包扎

应用 1.5cm 粗的草绳或麻绳、箱板等包扎土球，包扎形式按下列情况确定。

① 土质黏结，湿度不大的，球直径在 80cm 的，用草绳以井字形或五角星形包扎。

② 土质黏结度不大，湿度较大的，土球直径为 80～120cm 的，采用五角星形与橘瓣形两种混合式包扎。

③ 土球直径超过 120cm 的，应用麻绳扎腰箍，采用五角星形包扎。

④ 土质松软，土球直径超过 120cm 的，应采用木箱板包装。

4. 大树吊装和运输

① 大树移植前要用吊车装卸，用载重车运输。

② 装车前用事先打好结的大绳双股分开，捆死土球下部，然后将绳两端扣在吊钩上，轻轻起吊一下。当树身倾斜时，用大绳在树干茎部拴一个绳套，绳套也扣在吊钩上，即可起装吊车。

③ 起吊装车时凡粗绳与土球接触的地方都垫木板。装车时土球朝前，树梢向后，用三角枕木将土球与车厢底板空隙处塞紧，并用粗绳将树干与车身固定在一起，树冠用绳收紧，以防拖地擦伤。

④ 运输途中需专人负责押运。押运人应检查捆绳是否牢固，树梢是否拖地，有无超高、超宽、超长的现象。必须随车带挑杆，以备途中使用。

⑤ 卸车与装车方法基本相同。在吊树入坑时，树干要用麻包、草袋包好，以防擦伤树皮。为防止土球入穴后树干不能立起，应在树干高 2/3 处系一根 1～1.5cm 粗的麻绳，将麻绳另一端与吊钩相结。若土球落穴时不能直立，可用吊钩一端的麻绳轻轻向树身歪斜的反方向拉动，直至树身笔直。

⑥ 土球落位时，应注意将树冠姿态优美的一面放在主要观赏面。

5. 大树栽植

① 按设计图纸准确定好位置，测定标高，编穴号，以便栽植时对号入座，准确无误。

② 挖穴（坑）。按点挖坑，裸根苗坑穴的规格应较树根根盘直径大 20cm，带土球苗树坑的规格：土球直径加大 40cm，深度放大 20cm。坑底挖松、整平。如需要换土、施肥，应一并准备好，并将有机肥与回填土拌和均匀，栽植时施入坑内。

③ 裸根大树栽植前应检查树根，发现损坏应剪除，树冠剪口处应涂抹防腐剂。

④ 裸根大树栽植深度一般较原土痕深 5cm 左右，分层埋土踏实，填满为止，并立支柱支撑牢固，以防大风吹歪。

⑤ 大树入坑前，坑边和吊臂下不准站人。入坑后校正位置，可用四个人站在坑沿的四边用脚蹬土球（木箱）的上沿以保证树木定位于树坑中心。

⑥ 带土球大树入坑放稳后，将麻绳从底部缓缓抽出，并立支柱将树身支稳，拆除包装物、填土。每填土 20～30cm 时，要踏实一次，直至填平为止。操作时注意保护土球。

⑦ 围堰。在树坑外缘用土培一道 30cm 高的土堰，并用锹拍实。

⑧ 灌水。栽植后连灌三次水，四周均匀浇灌，防止填土不匀，造成树身倾斜，第三次灌水后进行培土封堰，以后酌情再灌。

【拓展训练】

① 在实训场地进行树坑挖掘训练。

② 在实训场地进行乔灌木种植放样。

③ 在实训场地选取不同树种进行修剪训练。

④ 在有条件的场地进行大树移植训练。

扩展阅读

树木移植秘诀“移树无时，莫教树知”

唐代郭橐驼在《种树书》中写到：“凡移树，不要伤根须，须阔垛，不可去土，恐伤根。谚云：‘移树无时，莫教树知。’”

那么，该怎样理解这句谚语呢？“移树无时”这句很好理解，主要意思就是树木移栽的时间并不一定。而“莫教树知”的主要意思，则是指在进行树木移栽时，尽量不要让树木自身察觉，发现它被移栽了。

在古代移栽树木时，不让树木察觉被移栽的主要措施就是阔垛、不去土、不伤根。

任务二

灌木及草坪种植施工

灌木从实用功能上更多起到封闭或引导空间和视线的作用。草坪相较于硬质铺装，能够给人提供一个更加自然、美观、舒适的环境。相较于乔木，灌木及草坪在日常生活中与人更为亲近，起到的景观作用不亚于乔木，很多场合甚至要超过乔木。

在景观种植施工中，灌木的种植可以根据设计要求分为绿篱施工、色块施工和花灌木施工。草坪更多的是作为景观的“底色”，为人们提供户外休闲、观赏和运动的场所。草坪在建筑和景观中起到“净化”“简化”和统一视觉的作用，因此对草坪的要求包括耐阴性强、质地细致、绿化期长、易于养护等。

【工作流程】

绿篱施工→色块灌木施工→花灌木施工→草坪铺植→养护管理。

【操作步骤】

A 小区主要种植的灌木有榆叶梅、连翘、四季锦带、丁香、金银木、雪柳、水蜡、朝鲜黄杨、金叶榆、桧柏球、密枝红叶李、风箱果等乡土树种。

步骤一：绿篱施工

1. 绿篱植物材料的选择

绿篱植物材料种类很多，一般以枝叶细密、耐修剪的常绿阔叶植物或针叶植物为主，也可选用花灌木或落叶灌木。按绿化设计要求的树种、规格到苗圃选苗，选择植株生长健壮、丰满、无病虫害、无脱脚现象的苗木。

2. 绿篱的栽植

在栽植绿篱之前，需要先挖掘种植沟。沟的规格应根据土壤质量和苗木规格来确定。如果土壤质量较差，就需要适当增大沟的规格。通常情况下，栽植 1～3 年生的小苗时，沟的宽度为 50cm，深度为 40cm。而对于大规格的绿篱，沟的规格则取决于土球的直径。如果种植绿篱的土壤质量较差，应该施加基肥或者更换土壤。

在栽植绿篱时，株距应以树冠相接为原则（设计有特殊要求时，按照设计要求栽植）。栽植完成后，需要立即覆盖土壤，用力踏实，并浇透水。接下来，需要将绿篱扶直，并在第二天再浇水一次。然后，进行整形修剪。

3. 绿篱的修剪

新植绿篱高度按设计要求进行修剪，若无具体规定，依绿化实际应用分为矮篱（20～25cm）、中篱（50～120cm）、高篱（120～160cm）、绿墙（160cm 以上）。

绿篱修剪常用的形式有自然式和整形式。整形式绿篱常见的有矩形、梯形、倒梯形、圆顶形，另外还有栏杆式、城墙垛口式。

修剪方法如下。

（1）自然式绿篱的修剪

通常对阻挡人们视线或以防范为主的灌木篱（如绿墙、高篱、刺篱、花篱），采用自然式修剪。适当控制高度，剪去病虫枝和枯死枝，对徒长枝和影响灌木自然姿态的枝条进行短截或疏剪，使枝条自然生长、枝叶繁茂，提高遮掩效果。

（2）整形式绿篱的修剪

常用于绿地的镶边和组织人流走向的矮篱、中篱的修剪。

① 绿篱定植后，为促使干基部枝叶的生长，需要剪去植株高度的（1/3）～（1/2），修去平侧枝，使下部侧枝萌生枝条，形成紧密的枝叶，不脱脚。

② 常绿针叶绿篱修剪时，主枝的剪口应在规定的高度 5～10cm 以下，避免粗大的剪口外露，然后用平剪或绿篱修剪机修剪表面枝叶。

③ 成形绿篱修剪时，要兼顾顶面与侧面，必须高度一致、整齐划一，篱面和四壁要

平整，棱角分明、整齐美观。

步聚二：色块灌木施工

在种植植物色块时，应该按照设计方案，根据不同的品种分别进行栽植，确保规格相同但种类不同的植物在同一水平面上高度一致。种植时，应先种植图案的轮廓线，然后种植内部的填充部分。对于大型色块，可以采用分区、分块的方式进行种植，使用方格线法，按比例放大到地面。

种植时一般采用“品”字形或三角形的种植方式。种植的疏密度和株行距应根据设计要求来确定。在每个色块的图形范围内，可以挖一条横沟，以确保行和列的间距相同并对齐。种下树苗后，要扶正并用客土捣实，然后依次种下一排灌木。在种植过程中，不能留下空隙，要注意高度的统一。种植完成后，先进行粗修剪，浇足定根水，第二天再次浇透水。如果有倒伏的情况，要及时扶正，并进行仔细修剪。色块植物要求图案清晰，线条流畅，高度整齐，密度一致，以展现整体美感。

步骤三：花灌木施工

在花灌木的运输过程中，可以直接将其装车。带有土球的小型花灌木运抵施工现场后，应将它们紧密排列整齐。如果当天无法进行种植，应喷水保持土球湿润。带有土球的苗木、湿润地区带有宿土的裸根苗木以及上一年花芽分化的开花灌木不宜修剪。但是，如果有枯枝、病虫枝，应将其修剪掉。对于枝条茂密的大型灌木，可以适量疏枝。对于嫁接的灌木，应将接口以下的砧木萌生枝条剪除。对于分枝明显、新枝上有花芽的小型灌木，应根据树势适当地进行强剪，以促进新枝生长，更新老枝。

步骤四：草坪铺植

1. 草坪植物的选择

A 小区的庭院中主要采用马尼拉草进行铺设。草块应选择无杂草、生长势好的草源。在干旱地掘草块前应适量浇水，待渗透后掘取。草块运输时宜用木板置放 2～3 层，装卸车时应防止破碎。

2. 整理铺植场地

铺植前进行绿化场地平整、清理。一般来说，由于草坪根系的 80％分布在 20～40cm 的土层中，因此种植土的厚度不要低于 30cm。要求土块粒径在 5mm 以下，不易板结为好。

3. 铺植工艺

铺植前，应先将场地表面层翻松，其主要目的是促进草坪生根。然后在草坪铺植前一天用水稍微湿润表面层土，注意不要过湿。接着把整块的草坪铺摊在种植土上，相互间离缝 1cm 左右。铺摊完后，应用滚筒或铁板紧压草坪，确保草坪的平整度。当草坪的平整度基本达到要求后，用水浇透草坪，同时应禁止闲人进入草坪地块。过 1～2 天，草坪地水稍干时，可应用铁板紧压草坪，特别是个别不太平整的地方。

步骤五：养护管理

竣工前安排养护工作人员进行养护管理，主要内容有浇水排水、施肥、中耕除草、整形与修剪、病虫害防治、防寒等，具体保护措施见项目八。

【知识链接】

一、灌木的种植方式

灌木是指树木体形较小，主干低矮，或者茎干自地面呈多生枝条而无明显主干的植物。灌木常见的种植方式有如下几种。

1. 规划式种植方式

（1）列植

列植是指花木成行成列的栽植。可用单一种类栽植，也可用多个种类相互配置。可单行列植，也可双行和多行列植。常用于绿篱的栽植或作为园林景物的背景植物栽植。

（2）对植

对植是指两株灌木按照一定的轴线关系相互对称或均衡的种植方式，主要用于强调建筑、道路、广场的入口，同时起到蔽荫作用。对植在空间构图上是作为配置用的，要起到衬托作用，而不是喧宾夺主。

2. 自然式种植方式

（1）孤植

孤植指灌木的单独栽植，借以显示其个体魅力，供人欣赏，常选择观花、观果或观叶类灌木。常栽植在突出的位置，如草坪、庭院的大空间中。孤植灌木的主要功能是满足构图艺术上的需要，作为局部空旷地段的主景，当然也可以蔽荫。孤植灌木作为主景用以反映自然界个体植株充分生长发育的景观，外观上要挺拔繁茂，雄伟壮观。

（2）群植

组成群植的单株灌木数量一般为20～30株。

群植灌木的主要特点是展现群体美，与孤植和树丛一样，是构图上的主要景观之一。因此，群植应该布置在有足够距离的开阔场地上，例如靠近林缘的草坪、林中的空地、水中的小岛、宽广水面的水边、小山的山坡、土丘等。在灌木群的主立面前方，至少要保留树群高度4倍、树群宽度1.5倍的空地，以供游人欣赏。群植灌木的规模不宜过大，在构图上要保持四周的空旷感。灌木群内通常不允许游人进入，也不方便游人进入，因此不适合作为遮荫和休息的场所。

（3）丛植

丛植是指零星种植或多处种植多丛花木，按一定的立体构图要求进行配置。这是各种园林绿地中常用的一种方式，常配植在草坪、林缘、路边或道路交叉口等处，可体现出灌木的群体美。

在配植时对灌木种类的选择，要考虑到主次搭配，一般来说多与高大的乔木相结合。以乔木作为构图中的主体，多配植在主要树种的周围或背后，以起到彼此衬托、呼应的作用，可产生轮廓起伏、错落有致的艺术效果。如以单一种类栽植成丛，也要考虑高矮疏密的栽植，以达到富有韵律的群体美效果。另外，丛植时可以考虑配植一定比例的常绿树，能得到更佳的衬托效果。在选择多种灌木的成丛配植时，不仅要考虑灌木的配植比例、生态习性、观赏期的相互衬托和衔接等因素，还要考虑其本身生长速度的快慢，对水、肥、光线的均衡要求等因素。

二、灌木施工日常养护管理措施

1. 浇灌、排水

① 夏季浇灌宜在早、晚进行，冬季浇灌宜在中午进行。浇灌要一次浇透，尤其是在春、夏季节。

② 若高温久旱（气温高于35℃，10天未下雨），应及时进行浇灌，一般应在清晨或傍晚进行浇灌。

③ 暴雨后一天内，若灌木周围仍有积水，应予排除。地势低洼处的灌木及其他易受水淹的苗木可采取打透气孔的方式排水：挖若干小洞，直径50mm左右，至根部，垂直插入相同直径的PVC管，周边用土填实。

2. 中耕、除草

① 灌木根部附近的土壤要保持疏松。易板结的土壤，在蒸腾旺季应每两个月松土一次。

② 灌木周围的大型野草，应结合中耕进行铲除，特别注意具有严重危害的各类藤蔓（如菟丝子等）。

③ 中耕、除草宜在晴朗或雪后初晴且土壤不过分潮湿的条件下作业。

3. 施肥

① 休眠期可施基肥（如豆饼），10月中旬至11月进行一次。灌木处于生长期，可依据植株的长势对其施追肥（注：对于花灌木，应在花期前和花期后分别进行）。

② 对于观花、观果植物，可施堆肥0.5～1.5kg。灌木青壮年期，欲扩大树冠及花果量，可适当增加施肥量。

③ 对于灌木，均应先挖好施肥环沟，其外径应与树木的冠幅相适应，深度和宽高均为25～30cm。

④ 施用的肥料种类应视树种、生长期及观赏要求而定。早期欲扩大冠幅，宜施氮肥；观花、观果树种应增施磷、钾肥。

⑤ 施肥宜在晴天进行。

4. 修剪、整形

① 应通过修剪调整树形，均衡树势，调节树木通风透光和肥水分配，调整植物群落之间的关系，促使树木茁壮生长。灌木修剪应使枝叶繁茂、分布匀称；修剪应遵循“先上后下，先内后外，去弱留强，去老留新”的原则进行。绿篱类修剪应促其分枝，保持全株枝叶丰满。对于花球类，应确保春、秋两季各修剪一次。

② 修剪时切口都要靠节，剪口要平整；对于过于粗壮的大枝应采取分段截枝法。操作时必须注意安全。

③ 休眠期修剪以整形为主，可稍重剪；生长期修剪以调整树势为主，宜轻剪。有伤口的树种应在夏、秋两季修剪。

三、夏季花灌木种植施工要点

1. 种植苗木的选择

由于夏季是非种植季节，气温高、蒸发量大，极易造成植物脱水，对种植植物本身的要求则更高，因此在选材上要尽可能挑选根系发达、生长茁壮、无病虫害的苗木。在规格及形态符合设计要求的情况下，应遵循下列原则：一是尽量选用小苗，小苗比大苗的发根力强，移栽成活率更高；二是最好采用假植的苗木，假植时间短的苗木，根的活动比较旺盛。如无假植苗木，应选择近两年移栽过的苗木，这样的苗木须根多，土球不易破碎，吸水能力强，苗木的成活率较高。另外还要注意，大苗应提前做好断根、移栽措施。

2. 种植土壤的处理和挖穴

夏季花灌木的种植土必须保证足够的厚度，保证土质肥沃疏松，透气性和排水性能好。对有建筑垃圾等有害物质的地块，要清除废土，换上适宜植物生长的好土，施入腐熟的有机肥作基肥。在夏季种植苗木时，种植穴尺寸必须要达到标准要求。

3. 起苗与运输

起苗与运输是保证花灌木种植成活的关键环节，土球质量和中间运输速度的控制非常重要。苗木的起运应注意天气变化，一般应选择在阴天起苗，连夜运至现场，并保证到场苗木枝叶新鲜，土球完整密实。

① 起苗时加大土球规格，土球直径一般为正常季节移栽的 1.2～1.5 倍。土球越大，根系越完整，栽植越易成活。苗木移植尽量避开高温干燥的天气，起苗最好安排在早晨或下午 4 点以后进行，以减少苗木水分损失。起苗之前可对树冠喷抗蒸腾剂，起苗后马上运输。如果土质松散，不易成球，可在起苗后，将根立即蘸泥浆，以保持根系湿润。

② 小型花灌木可于春季进行盆栽，如小叶黄杨、沙地柏、金叶女贞、小檗、锦带、月季等，可植于 20～30cm 的黑皮盆中，盆中基质用原床土加入适量肥料，进行正常的肥水养护。需移栽时，直接去掉花盆，植入穴中。若苗木土球不散，成活率可达 100％。

③ 苗木的运输要合乎规范，运输量应根据种植量确定。装车前，应先用草绳、麻布或草包将土球、树干、树枝包好，并进行喷水，保持草绳、草包的湿润，这样可以减少运输途中苗木自身水分的蒸腾量。运输花灌木时须直立装车，夏季应尽量避免长途运输。

④ 及时定植。花灌木运至施工现场后，及时组织人力、机械卸车。卸车时注意做好保护，不得损伤树体和土球。晴天卸车后将苗木紧密排放整齐，及时用遮阳网覆盖土球，避免太阳直射。当日不能种植时，应进行假植或喷水保持土球湿润。裸根苗木自起苗开始暴露时间不宜超过 8h，必须当天种完。定植时，大型花灌木穴内可放入生根粉及一定量的以磷为主的复合肥拌土。先填土至 70％左右，再填土至与地面平，并筑成高 10～15cm 的灌水土塘，浇透水。

4. 苗木修剪

夏季花灌木种植前应加大修剪量，剪掉植物本身（1/2）～（2/3）数量的枝条，以减少叶面呼吸和蒸腾作用。对于一些低矮的灌木，为了保持植株内高外低、自然丰满的圆球形，达到通风透光的目的，可在种植后修剪。

5. 种植后养护管理

浇水次数、间隔天数要根据实际情况来决定。若种植后连续下雨，则可减少浇水量和次数；反之，则需加大灌溉量。浇水时间最好在早晚，浇水后要及时培土。可用遮阴棚对树冠和片植灌木进行遮阴，棚的大小和树的冠幅或模块大小相当。另外，要定期对新发芽放叶的树冠喷雾，以保持湿度，提高苗木的成活率。还要经常观察花灌木生长是否正常，发现问题及时采取相应措施。

四、庭院中草坪按照用途的分类

1. 游憩草坪

游憩草坪可开放供人入内休息、散步、游戏等户外活动之用。一般选用叶细、韧性较大、较耐踩踏的草种。

2. 观赏草坪

观赏草坪不开放，不能入内游憩。一般选用颜色碧绿均一，绿色期较长，既能耐炎热又能抗寒的草种。

3. 运动场草坪

运动场草坪根据不同体育项目的要求选用不同草种，有的要选用草叶细软的草种，有的要选用草叶坚韧的草种，有的要选用地下茎发达的草种。

4. 保土护坡草坪

保土护坡的草坪用以防止水土被冲刷，防止尘土飞扬。主要选用生长迅速、根系发达或具有匍匐性的草种。

五、草坪的常见铺栽方法

1. 无缝铺栽

这是不留间隔，全部铺栽的方法。草皮紧连，不留缝隙，相互错缝。要求快速形成草坪时常使用这种方法。草皮的需要量和草坪面积相同。

2. 有缝铺栽

各块草皮相互间留有一定宽度的缝进行铺栽。缝的宽度为4～6cm，当缝宽为4cm时，草皮必须占草坪总面积的70%。

3. 方格形花纹铺栽

主要根据施工中植草砖采用的方格而定，将运来的方格植草砖间隔12cm满铺，留缝隙防止植草砖胀缩和填土用。这种方法虽然建成草坪较慢，但草皮的需用量只需占草坪面积的50%。

4. 草坪植生带铺栽

草坪植生带是指用再生棉经一系列工艺加工制成的有一定拉力、透水性良好、极薄的无纺布，并选择适当的草种、肥料，按一定的数量、比例通过机器撒在无纺布上，在上面再覆着一层无纺布，经黏合滚压成卷制成（图7-4）。它可以在工厂中采用自动化的设备连续生产制造，成卷入库。在经过整理的地面上满铺草坪植生带，覆盖1cm筛过的生土或河沙，早晚各喷水一次。一般10～15天（有的草种3～5天）即可发芽，1～2个月就可形成草坪，覆盖率100%，成草迅速，无杂草。

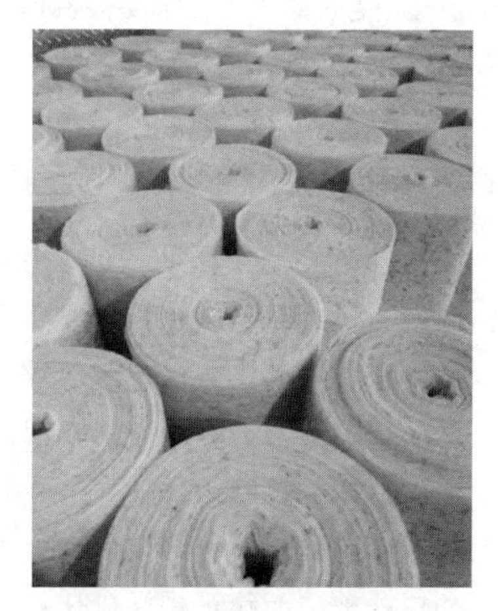

图7-4　无纺布植草带

5. 喷播草籽法（又称吹附法）

近年来国内外也有用喷播草籽的方法培育草坪，即用草坪草籽加上泥炭（或纸浆）、肥料、高分子化合物和水混合浆，贮存在容器中，借助机械力量喷到需育草的地面或斜坡上，经过精心养护育成草坪（图 7-5）。

图 7-5　喷播作业

6. 草籽播种

即选择优良草坪种子。为确保草坪成品完整，在播籽前应对草籽的质量进行全面的控制。采购当年最新鲜的草籽，并在实验室进行试播，如种子的出芽率达到 96%～98%，则可以大量采购，并用于施工中。待场地平整并耙细后，根据设计种植密度，先由技术工人用细砂等试播，其目的是确定播种草坪的均匀美观。播种时采用回纹式向后退的方式进行播籽，以防草籽粘在鞋底下，并采用无纺布覆盖，防止草籽被鸟类啄食和被水冲走，引起草坪不均匀。播种后根据天气情况每天或隔天浇水，待幼苗长至 3～6cm 时可适当延长浇水间隔期，但要经常保持土壤湿润，并要及时清除杂草。

【拓展训练】

① 绿篱栽植时有哪些修剪方法？
② 夏季种植花灌木的施工注意事项有哪些？
③ 色块植物种植的施工流程是什么？
④ 根据图纸在实训场地进行灌木和草坪栽植施工，并完成施工报告一份。

 **扩展阅读**

领略中国古典园林的绿色魅力

拙政园是中国明代的一座古典园林，位于江苏省苏州市，以其精美的园林景观而闻名。在拙政园的灌木和草坪种植技术方面，古人展现了高超的技艺和智慧。

在拙政园中，灌木与草坪的种植布局层次分明，通过各类植物高低与形态的精心搭配，营造出富有立体感和层次感的景观。在色彩搭配上，种植灌木和草坪时充分考虑了植物颜色的选择，以丰富景观美感并提供视觉变化。此外，园中的灌木和草坪形态多样，通过修剪与整形增添了景观的艺术性和趣味性。与此同时，拙政园中的灌木和草坪种植与建筑相互衬托，形成和谐统一的整体，展现了园林设计的巧妙之处。

这些灌木和草坪种植技术的特点展示了古人对自然和美学的追求，同时也体现了他们对园林景观的精心设计和管理。

项目八

工程竣工验收与成品保护

知识要求

① 了解竣工验收的内容、程序，掌握竣工验收的方法及要求。

② 熟悉竣工验收阶段硬质景观与绿化工程的成品保护。

技能要求

① 会在竣工验收时针对验收采取相应对策。

② 能在竣工验收阶段采用合理的成品保护措施。

素质要求

① 养成竣工验收时严格遵守国家行业规范的品德。

② 在竣工验收阶段具有吃苦耐劳的精神，养成爱护工具、保护好成品的习惯。

【项目学习引言】

对于景观及绿化工程，在预检时提出的各种问题都应全部解决，该修理的都已修理好；景观及绿化工程达到具备使用的条件，即庭院水通灯亮，园路畅通，绿化种植完毕；有关在施工过程中的变更洽商等资料收集齐全，各种材料或设备的合格证及验收单等均已整理装订成册。竣工验收过程中需要及时跟进养护，以便交付工作顺利进行。工程交付前也需要进行施工期间的养护，保证硬质景观质量和苗木种植的成活率，达到预想的景观绿化效果。

本项目通过 A 小区庭院的验收和期间的养护，介绍了验收的程序及主要采用的成品保护措施。重点突出庭院景观工程竣工验收的资料、依据和标准，验收的准备工作，验收程序，工程项目的移交，以及工程交付前的硬质景观及绿化种植部分的成品保护管理等内容。其中涉及施工过程中的成品保护在前面项目的介绍中已阐述，本项目只介绍完工后的成品保护。

工程竣工验收

景观绿化工程竣工验收是施工单位按照工程施工合同的约定，根据设计文件和施工图纸规定的要求，完成全部施工任务，工程达到可交付使用的标准，施工单位向建设单位进行移交。景观与绿化工程竣工验收是建设单位对施工单位承包的工程进行的最后施工验收，它是景观与绿化工程施工的最后环节，是施工管理的最后阶段。尽早完成工程竣工验收可尽早将工程交付使用，尽快产生综合效益。因此一个完整的景观建设项目，或是一个单位的景观工程建成后达到正常使用条件的，应及时组织竣工验收。

【工作流程】

施工方提出工程验收申请→确定竣工验收办法→绘制竣工图→填报竣工验收意见书→编写竣工验收报告→竣工验收资料备案。

【操作步骤】

步骤一：施工方提出工程验收申请

工程完工后施工方根据已确定的验收时限，向建设方、设计方、监理方发出竣工验收申请函和工程报审单。

1. 工程竣工验收报审单

工程竣工验收报审单见表 8-1。填好表后，要连同一份竣工验收总结，一并交给参加验收的单位。

表 8-1　工程竣工验收报审单

工程名称：A 小区景观绿化工程　　　　标号：　　　　编号：

致：××监理工程公司或 ××景观局××工程监理处（所） 我方已按合同要求完成了 A 小区景观绿化工程（标号：××）的施工任务，经自检合格，请予以检查和验收。 附：××绿化工程验收办法。 审查意见 工程承包单位（章）：________________ 项目经理（签字）：________________ 日期：________________ 项目监理机构（章）：________________ 总/专业监理工程师（签字）：________________ 日期：________________

2. 工程竣工验收总结

A 小区竣工验收总结如下。

A小区景观及绿化工程总面积约×××m^2，该项目主要根据业主委托进行施工。主要工程项目为土方施工、硬质铺地施工、假山施工、水景施工、景观建筑小品施工、绿化施工。本小区地形高差变化较大，绿化苗木大、中、小规格相互搭配，整个工程工期紧、任务重，特别是夏季施工给工程带来了一定的难度。项目部在领导的指导下，克服困难，合理组织施工工序，精心安排，高质、高效地完成了景观工程的施工任务。

在本次施工中，绿化施工与其他工种施工交叉多，情况复杂。针对这个问题，项目部积极做好协调工作，认真对各分项施工方案进行推敲。由于绿化施工带有明显的时间性、季节性特点，项目部发挥绿化整体施工优势，成立植物材料组、施工组、养护组等八个部门，明确各部门职责，严格按程序进行施工。整个绿化工程做到随到随种，及时养护，同时对于较复杂的苗木及地形处理，采取人工和机械相结合的施工措施，保证了施工的质量。整个施工过程中，多次投入机械和劳动力，达到了业主对整个景观工程绿化、美化、生态化的要求。

在抓质量、赶进度的同时，项目部还做好了施工人员安全卫生工作，对工地纪律做了严格的规定，并有专人落实检查。整个施工期间没有出现一起因文明施工不到位引发的投诉事件，用行动确保了施工质量和管理目标。

目前我方已全部施工完毕，硬质景观质量均已达到合格标准，乔灌木、地被种植搭配合理，长势良好。通过我方自检，已达到了优良工程竣工的要求，各项质检资料也同步完成。

××景观工程有限责任公司

××年××月××日

步骤二：确定竣工验收办法

根据竣工验收申请，建设方、设计方、监理方、施工方应依据国家或地方的有关验收标准及合同规定的条件，组织验收人员熟悉有关验收资料，制定出竣工验收的具体检查方案，并将检查项目的各子目及重点检查部位以表或图列示出来。同时准备好工具、记录、表格，以供检查中使用。

景观及绿化工程的竣工验收，要全面检查各分项工程。检查方法有以下几种。

① 直观检查。直观检查是一种定性的、客观的检查方法，采用手摸眼看的方式，需要有丰富经验和掌握标准熟练的人员才能胜任此工作。

② 测量检查。对施工图纸中能实测实量的工程部位都应通过实测实量获得真实数据。

③ 现场点数检查。对各种设施、器具、配件、栽植苗木都应一一点数、查清、记录，如有遗缺不足的或质量不符合要求的，都应通知承接施工单位补齐或更换。

④ 操纵动作。实际操作是对功能和性能检查的好办法，对一些水电设备、机械设施等应启动检查。

⑤ 上述检查之后，各专业组长应向总监理工程师报告检查验收结果。如果查出的问题较多较严重，则应指令施工单位限期整改并再次进行复验。如果存在的问题仅属一般性的，除通知承接施工单位抓紧整修外，总监理工程师应编写预验报告一式三份，一份交施工单位供整改用，一份转交验收委员会，一份由监理单位自存。这份报告除文字论

述外，还应附上全部验收检查的数据。

步骤三：绘制竣工图

景观工程竣工图是如实反映施工后景观工程的图纸。它是景观工程竣工验收的主要文件，景观工程在竣工前，应及时组织有关人员进行测定和绘制，以保证工程档案的完备和满足维修、管理养护、改造或扩建的需要。

1. 竣工图编制的依据

施工中未变更的原施工图、设计变更通知书、工程联系单、施工洽商记录、施工放样资料、隐蔽工程记录和工程质量检查记录等原始资料是竣工图编制的依据。

2. 竣工图编制的内容要求

① 施工中未发生设计变更，按图施工的施工项目，应由施工单位负责在原施工图纸上加盖“竣工图”标志，可作为竣工图使用。

② 施工过程中有一般性的设计变更，但没有较大结构性的或重要管线等方面的设计变更，而且可以在原施工图上进行修改和补充，可不再绘制新图纸，由施工单位在原施工图纸上注明修改和补充后的实际情况，并附以设计变更通知书、设计变更记录和施工说明，然后加盖“竣工图”标志，亦可作为竣工图使用。

③ 施工过程中凡有重大变更或全部修改的，如结构形式改变、标高改变、平面布置改变等，不宜在原施工图上修改补充时，应重新绘制实测改变后的竣工图。施工单位负责人在新图上加盖“竣工图”标志，并附上记录和说明作为竣工图。

竣工图必须做到与竣工的工程实际情况完全吻合。无论是原施工图还是新绘制的竣工图，都必须是新图纸，必须保证绘制质量，完全符合技术档案的要求。坚持竣工图的校对、审核制度。重新绘制的竣工图，一定要经过施工单位主要技术负责人的审核签字。

步骤四：填报竣工验收意见书

验收人根据施工方提供的材料对工程进行全面、认真细致的验收，然后填写“竣工验收意见书”，其参考样式见表 8-2。

表 8-2　A 小区景观绿化工程竣工验收意见书

<table>
<tr><td colspan="2">工程名称</td><td colspan="2">A 小区景观绿化工程</td><td colspan="2">建设单位</td><td>×××</td><td colspan="3">开工日期</td><td colspan="2">20××年×月</td></tr>
<tr><td colspan="2">工程地点</td><td colspan="2">辽宁省沈阳市</td><td colspan="2">施工单位</td><td>××景观工程有限责任公司</td><td colspan="3">竣工日期</td><td colspan="2">20××年×月</td></tr>
<tr><td colspan="2">工程简要说明</td><td colspan="2">建筑面积</td><td>××m^2</td><td>造价</td><td>××万元</td><td colspan="2">工程内容</td><td>绿化、土方</td><td>其他情况</td><td>无</td></tr>
<tr><td rowspan="3">工程档案资料情况</td><td>资料来源</td><td>建设单位资料</td><td colspan="3">勘测单位资料</td><td colspan="2">设计单位资料</td><td colspan="2">监理单位资料</td><td colspan="2">施工单位资料</td></tr>
<tr><td>份数</td><td>立项批文规划许可证、施工许可证、中标通知书、质检申报书</td><td colspan="3">实际勘测结果（图纸、文字）</td><td colspan="2">设计计算、图纸、变更通知、设计质检报告</td><td colspan="2">监理合同、监理规范、监理记录、工程质量评估报告</td><td colspan="2">施工合同、施工组织设计、施工技术及管理资料、工程竣工报告</td></tr>
<tr><td>审查结果</td><td>齐全、基本齐全或不齐全</td><td colspan="3">齐全、基本齐全或不齐全</td><td colspan="2">齐全、基本齐全或不齐全</td><td colspan="2">齐全、基本齐全或不齐全</td><td colspan="2">齐全、基本齐全或不齐全</td></tr>
</table>

续表

<table>
<tr><td>验收结论</td><td colspan="7">1. 设计方面：2. 施工方面：3. 其他：
（1）本工程共2部分，其中土方、种植、苗木达优良，优良率达：________%
（2）项目在监理单位的指导下，工程质量得到保证，且各种资料齐全。
（3）综合本工程外观得分：________，实测得分：________，资料得分：
（4）本工程施工过程符合国家基本建设程序，无违反程序行为。</td><td colspan="2">工程质量评定结果：优良、合格或不合格</td></tr>
<tr><td colspan="2">施工单位</td><td colspan="2">建设单位</td><td>设计单位</td><td colspan="2">勘测单位</td><td colspan="3">监理单位</td></tr>
<tr><td>负责人</td><td></td><td>负责人</td><td></td><td>负责人</td><td>负责人</td><td></td><td>负责人</td><td colspan="2"></td></tr>
<tr><td>代表</td><td></td><td>代表</td><td></td><td>代表</td><td>代表</td><td></td><td>代表</td><td colspan="2"></td></tr>
<tr><td colspan="2">（公章）</td><td colspan="2">（公章）</td><td>（公章）</td><td colspan="2">（公章）</td><td colspan="3">（公章）</td></tr>
</table>

步骤五：编写竣工验收报告

竣工验收报告是工程交工前的一份重要技术文件，由施工单位会同建设单位、设计单位等一同编制。报告中重点说明项目建设的基本情况，工程验收方法（用附件形式）等，并要按照规定的格式编制。A小区景观绿化工程竣工验收报告见表8-3。

表8-3　A小区景观绿化工程竣工验收报告

<table>
<tr><td>工程名称</td><td colspan="3">A小区景观绿化工程</td></tr>
<tr><td>预估计算价</td><td>××万元</td><td>工程地址</td><td>××市××街</td></tr>
<tr><td>工程规模</td><td>××m^2</td><td>结构类型</td><td>景观绿化</td></tr>
<tr><td>勘测单位名称</td><td colspan="3">××设计院</td></tr>
<tr><td>设计单位名称</td><td colspan="3">××设计院</td></tr>
<tr><td>施工单位名称</td><td colspan="3">××景观工程有限责任公司</td></tr>
<tr><td>监理单位名称</td><td colspan="3">××监理公司</td></tr>
<tr><td>开工日期</td><td>20××年×月</td><td>竣工日期</td><td>20××年×月</td></tr>
<tr><td colspan="4">工程验收程序、内容、形式：
1. 程序：硬质→水电→绿化
2. 内容：根据不同区域验收
3. 形式：现场勘查
4. 其他：</td></tr>
<tr><td>建设单位执行基本建设程序情况</td><td colspan="3">良好</td></tr>
<tr><td>对勘测单位的评价</td><td colspan="3">良好</td></tr>
<tr><td>对设计单位的评价</td><td colspan="3">良好</td></tr>
<tr><td>对施工单位的评价</td><td colspan="3">良好</td></tr>
<tr><td>对监理单位的评价</td><td colspan="3">良好</td></tr>
<tr><td>工程竣工验收意见</td><td colspan="3">建设单位：（公章）
项目负责人：
单位负责人：
日期：</td></tr>
</table>

步骤六：竣工验收资料备案

项目验收后，要将各种资料汇成表进行工程竣工验收备案。A小区景观绿化工程竣工验收备案表见表8-4。

表8-4　A小区景观绿化工程竣工验收备案表

建设单位名称	×××		
备案日期	××年××月		
工程名称	A小区景观绿化工程		
工程地点	××市××镇		
工程规模	××m^2		
开工日期	20××年×月		
竣工验收日期	20××年×月		
施工许可证			
施工图审查意见			
勘测单位名称	××设计院	资质等级	
设计单位名称	××设计院	资质等级	
施工单位名称	××景观工程有限责任公司	资质等级	
监理单位名称	××监理公司	资质等级	
工程质量监督结构名称			
勘测单位意见	公章： 单位（项目）负责人： 日期：		
设计单位意见	公章： 单位（项目）负责人： 日期：		
施工单位意见	公章： 单位（项目）负责人： 日期：		
监理单位意见	公章： 单位（项目）负责人： 日期：		
建设单位意见	公章： 单位（项目）负责人： 日期：		

【知识链接】

一、景观工程竣工验收的依据和标准

1. 景观工程竣工验收的依据

① 已被批准的计划任务书和相关文件。

② 双方签订的工程承包合同。

③ 设计图纸和技术说明书。

④ 图纸会审记录、设计变更与技术核定单。

⑤ 国家和行业现行的施工技术验收规范。

⑥ 有关施工记录和构件、材料等合格证明书。

⑦ 景观管理条例及各种设计规范。

2. 景观工程竣工验收的标准

景观建设项目涉及多种门类、多种专业，且要求的标准也各异，加之其艺术性较强，故很难形成国家统一标准。因此对工程项目或一个单位工程的竣工验收，可采用分解成若干部分，再选用相应或相近工种的标准进行（各工程质量验评标准内容详见有关手册）。一般景观工程可分解为景观建筑工程和绿化工程两个部分。

（1）景观建筑工程的验收标准

凡景观工程、游憩设施、服务设施及娱乐设施等建筑，都应按照设计图纸、技术说明书、验收规范及建筑工程质量检验评定标准验收，并应符合合同所规定的工程内容及合格的工程质量标准。无论是游憩性建筑还是娱乐、生活设施建筑，不仅建筑物室内工程要全部完工，而且室外工程的明沟、踏步斜道、散水以及应平整建筑物周围场地，都要清除障碍物，并达到水通、电通、道路通。

（2）绿化工程的验收标准

施工项目内容、技术质量要求及验收规范和质量应达到设计要求、验收标准的规定及各工序质量的合格要求，如树木的成活率、草坪铺设的质量、花坛的品种和纹样等。

① 景观绿化工程施工环节较多，为了保证工作质量，做到预防为主，全面加强质量管理，必须加强施工材料（种植材料、种植土、肥料）的验收。

② 必须强调中间工序验收的重要性。因为有的工序属于隐蔽性质，如挖种植穴、换土、施肥等，待工程完工后已无法进行检验。

③ 工程竣工后，施工单位应进行施工资料整理，做出技术总结，提供有关文件，于一周前向验收部门提请验收。需要提供的有关文件如下：a. 土壤及水质化验报告；b. 工程中间验收记录；c. 设计变更文件；d. 竣工图及工程预算；e. 外地购入苗检验检疫报告；f. 附属设施用材合格证或试验报告；g. 施工总结报告。

④ 乔灌木种植的验收原则上定为当年秋季或翌年春季进行。因为绿化植物是具有生命的，种植后须经过缓苗、发芽、长出枝条，经过一年生长周期，达到成活方可验收。

⑤ 绿化工程竣工后是否合格，是否能移交建设单位，主要从以下几方面进行验收：

树木成活率达到95%以上；强酸、强碱、干旱地区树木成活达到85%以上；花卉植株成活率达到95%以上；草坪无杂草，覆盖率达到95%以上；整形修剪符合设计要求；附属设施符合有关专业验收标准。

二、景观工程竣工验收的准备工作

竣工验收前的准备工作，是竣工验收工作顺利进行的基础。施工单位、建设单位、设计单位和监理单位均应尽早做好准备工作。

1. 工程档案资料的内容

景观工程档案资料是景观工程的永久性技术资料，是景观工程项目竣工验收的主要依据。因此，档案资料的准备必须符合有关规定及规范的要求，必须做到准确、齐全，能够满足景观建设工程进行维修、改造和扩建的需要。一般包括以下内容。

① 部门对该景观工程的有关技术决定文件。

② 竣工工程项目一览表，包括名称、位置、面积、特点等。

③ 地质勘察资料。

④ 工程竣工图、工程设计变更记录、施工变更洽商记录、设计图纸会审记录。

⑤ 永久性水准点位置坐标记录，建筑物、构筑物沉降观察记录。

⑥ 新工艺、新材料、新技术、新设备的试验、验收和鉴定记录。

⑦ 工程质量事故发生情况和处理记录。

⑧ 建筑物、构筑物、设备使用注意事项文件。

⑨ 竣工验收申请报告、工程竣工验收报告、工程竣工验收证明书、工程养护与保修证书等。

2. 施工单位竣工验收前的自验

施工自验是施工单位资料准备完成后在项目经理组织领导下，由生产、技术、质量、预算、合同和有关的工长或施工员组成预验小组，根据国家或地区主管部门规定的竣工标准、施工图和设计要求，国家或地区规定的质量标准的要求，以及合同所规定的标准和要求，对竣工项目按工程内容，分项逐一进行的全面检查。预验小组成员按照自己所主管的内容进行自验，并做好记录，对不符合要求的部位和项目，要制定修补处理措施和标准，并限期修补好。施工单位在自验的基础上，对已查出的问题全部修补处理完毕后，项目经理应报请上级再进行复检，为正式验收做好充分准备。

① 种植材料、种植土和肥料等，均应在种植前由施工人员按其规格、质量分批进行验收。

② 工程中间验收的工序应符合下列规定：a. 种植植物的定点、放线应在挖穴、槽前进行；b. 种植的穴、槽应在未换种植土和施基肥前进行；c. 更换种植土和施肥，应在挖穴、槽后进行；d. 草坪和花卉的整地，应在播种或花苗（含球根）种植前进行；e. 工程中间验收，应分别填写验收记录并签字。

③ 工程竣工验收前，施工单位应于一周前向绿化质检部门提供下列有关文件：a. 土壤及水质化验报告；b. 工程中间验收记录；c. 设计变更文件；d. 竣工图和工程决算；e. 外地购进苗木检验报告；f. 附属设施用材合格证或试验报告；g. 施工总结报告。

【拓展训练】

① 景观工程竣工验收的依据和标准是什么?

② 景观工程竣工验收时整理工程档案应汇总哪些资料?

③ 景观工程竣工验收应检查哪些内容?

④ 竣工图与施工图的区别是什么?

交付前成品保护和交付

景观工程交付前需要加强成品保护，实际上在工程施工过程中也需要对半成品进行保护，前面任务部分已经涵盖。成品保护要遵循合理的施工顺序，以免破坏管网和道路、地面。提前保护，包裹、覆盖、局部封闭成品，以防止成品可能发生的损伤、污染和堵塞。本次任务主要是针对完工后交付前的工程成品进行保护，保证交付工作顺利进行。

【工作流程】

硬质景观保护→植物保护→交付工作。

【操作步骤】

步骤一：硬质景观保护

A 小区硬质景观工程所涉及的园路铺装、假山、水景、景观建筑及小品在施工完成后主要进行以下保护措施。

1. 技术措施

① 对成品应采用护栏和围护（膜）等材料进行保护，成品在未验收前，不得任意拆除。

② 地面铺装施工完成后 72h 内不准在上面行走或进行其他作业，以免损坏地面，适时做好养护工作，定期检查硬质铺装是否有起翘或空鼓现象。

③ 注意保护施工完成地面铺装，不得直接在地面上拌灰。

④ 各道工序完毕后方能去掉包装，在竣工验收前全部彻底清理一遍，使其干净、整洁。

⑤ 定期检查景观建筑及小品石材贴面是否有掉落现象。

⑥ 定期进行水景的管线试水，检查水循环是否正常。

2. 管理措施

管理上做好成品保护工作的“六防一维护”。“六防一维护”通常包括防火、防盗、防碰撞、防水、防自然灾害事故、防污染和维护好施工现场的环境卫生。“六防一维护”集中反映了成品保护工作的职责与任务，要求每名基层管理人员必须教育每个工人，做到任务明确、责任清楚。“六防”的内容，不同的工地各有不同，各分包单位根据具体施工内容再进一步细化。

步骤二：植物保护

① 绿化工程乔木种植完成后，及时检查是否都进行了加固，防止大风吹倒树苗。

② 绿化施工完成后，应及时进行养护管理、施肥喷水，促使植物尽早定根生长。

③ 发现植物出现病虫害，必须及时喷药治疗。

④ 树木种植完成后，在显眼处设置警示牌，提醒行人注意，防止践踏破坏。

⑤ 为了防止苗木腐蚀，在管理养护中要根据苗木种类的特性进行浇水养护，防止浇水过多造成植物根系腐蚀。

步骤三：交付工作

景观项目虽然通过了竣工验收，并且有的工程还获得了验收方的高度评价，但实际中往往是或多或少地还可能存在一些漏项以及工程质量方面的问题。因此监理工程师要与施工单位协商一个有关工程收尾的工作计划。由于工程移交不能占用很长的时间，因而要求施工单位在办理移交工作中力求使建设单位的接管工作简便。当移交清点工作结束后，监理工程师签发工程竣工交接证书，参考格式见表 8-5。签发的工程交接证书一式三份，建设单位、施工单位、监理单位各一份。工程交接结束后，施工单位即应按照合同规定的时间抓紧完成对临时建筑设施的拆除和施工人员及机械的撤离工作，做到工完场地清。

表 8-5　工程竣工交接证书

工程名称：　　　　合同号：　　　　监理单位：

致建设单位： 兹证明__________施工单位施工的__________工程，已按施工合同和监理工程师的指示完成，即日起该工程进入保修阶段。 附注：（工程缺陷和未完成工程） 监理工程师：　　　　日期：
总监理工程师意见： 签名：　　　　日期：

注：本表一式三份，建设单位、施工单位和监理单位各一份。

景观工程的主要技术资料是工程档案的重要部分，因此在正式验收时就应提供完整的工程技术档案。由于工程技术档案有严格的要求，内容又很多，往往又不仅是施工单位一家的工作，所以常常只要求施工单位提供工程技术档案的核心部分，而整个工程档案的归整、装订则留在竣工验收结束后，由建设单位、施工单位和监理工程师共同来完成。在整理工程技术档案时，通常是建设单位与监理工程师将保存的资料交给施工单位来完成，最后交给监理工程师校对审阅，确认符合要求后，再由施工单位档案部门按要求装订成册，统一验收保存。此外，在整理档案时一定要备足份数，具体内容见表 8-6。至此，双方的义务履行完毕，合同终止。

表 8-6　移交工程技术档案内容一览表

工程阶段	档案资料内容
项目准备 施工准备	① 申请报告，批准文件 ② 有关建设项目的决议、批示及会议记录 ③ 可行性研究、方案论证资料 ④ 征用土地、拆迁、补偿等文件 ⑤ 工程地质（含水文、气象）勘察报告 ⑥ 概预算 ⑦ 承包合同、协议书、招投标文件 ⑧ 企业执照及规划、景观、消防、环保、劳动等部门审核文件
项目施工	① 开工报告 ② 工程测量定位记录 ③ 图纸会审、技术交底 ④ 施工组织设计等 ⑤ 基础处理、基础工程施工文件，隐蔽工程验收记录 ⑥ 施工成本管理的有关资料 ⑦ 工程变更通知单，技术核定单及材料代用单 ⑧ 建筑材料、构件、设备质量保证单及进场试验单 ⑨ 栽植的植物材料名单、栽植地点及数量清单 ⑩ 各类植物材料已采取的养护措施及方法 ⑪ 假山等非标工程的养护措施及方法 ⑫ 古树名木的栽植地点、数量、已采取的保护措施 ⑬ 水、电、暖、气等管线及设备安装施工记录和检查记录 ⑭ 工程质量事故的调查报告及所采取措施的记录 ⑮ 分项、单项工程质量评定记录 ⑯ 项目工程质量检验评定及当地工程质量监督站核定的记录 ⑰ 其他（如施工日志）等 ⑱ 竣工验收申请报告
竣工验收	① 竣工项目的验收报告 ② 竣工决算及审核文件 ③ 竣工验收的会议文件 ④ 竣工验收质量评价 ⑤ 工程建设的总结报告 ⑥ 工程建设中的照片、录像，以及领导、名人的题词等 ⑦ 竣工图（含土建、设备、水、电、暖、绿化种植等）

【知识链接】

一、主要工程项目施工过程中成品保护措施

1. 测量定位

定位桩采取桩周围浇灌混凝土固定的方式，搭设保护架，悬挂明显标志以提示，水准引测点设固定点，标志明显，不准堆放材料遮挡。

2. 钢筋工程成品保护

钢筋加工制作，焊接接头冷却时不得接触积水或雨水，以防钢筋成品存在接头隐患。加工成形的钢筋在存放和吊运过程中，选择合理的搁垫点或吊点，以防发生较大变形。钢筋按图绑扎成形完工后，将多余的钢筋、扎丝及垃圾清理干净。接地及预埋等焊接不能有咬口、烧伤钢筋现象。梁柱节点等钢筋密集区，在钢筋加工制作前编制详细的节点绑筋指导书，严禁私自烤弯及割断钢筋。后道工序模板支设时不能随意割断及拆除钢筋。

涂刷隔离剂不能污染钢筋，模板支设过程中及时清理作业面的垃圾。钢管、模板堆放时不得直接压在成形钢筋上。木工支模及安装预埋、混凝土浇筑时，不得随意弯曲、拆除钢筋。浇筑混凝土时，地泵管用钢筋蹬架起并放置在跳板上，不允许直接铺放在绑好的钢筋上，以免泵管震动导致结构钢筋移位。浇筑混凝土时，设专人看钢筋，以防钢筋跑位。

3. 模板工程成品保护

① 表面离层脱皮的胶合大模板不得使用。

② 模板支设时不得在承重架和平台模板上集中堆放重物。

③ 模板支模成形后及时清理干净板面多余材料。

④ 安装预埋件，需在支模时配合做好预留孔洞，不得随意在模板上开孔穿管。

⑤ 浇混凝土时，不准用振捣棒或杠撬动模板，以防模板变形或松动。

⑥ 模板安装成形后派专人保护，并在浇筑混凝土前检查复核模板安装质量，浇筑混凝土时水平运输管道不得搁置在侧模上。

⑦ 采用泵送混凝土时活动泵管不得直接靠压于框架模板上，连接泵管在管路弯折处加强支撑和拉结，以防过大冲击力撞坏模板。

⑧ 模板一律采用脱模剂，不得漏刷液，在钢筋绑扎前涂刷均匀。

4. 混凝土工程成品保护

混凝土浇筑完成后将散落在模板上的混凝土清理干净，并按方案要求进行覆盖保护。雨期施工混凝土，按雨期要求进行覆盖保护。混凝土浇筑后未达到 1.2MPa 前严禁上人踩踏或进行下道工序施工。混凝土浇筑后，在没有达到设计强度之前严禁集中堆放模板、架料等。结构完成后不得随意开槽打洞。在混凝土浇筑前事先做好预留预埋。

5. 砌筑工程保护

① 砌块进场按要求堆放整齐，运输时轻拿轻放，缺棱掉角的砌块做半砖使用。

② 墙体一次性砌筑高度不能大于规范要求，砌体完工后按要求进行养护，雨期施工按要求进行覆盖保护。

③ 管道安装及电线敷设，待墙体砌筑砂浆达 75%以上设计强度方能开孔开槽。

④ 预留和预埋的管道铁件、门框等需与砌体有机配合。

⑤ 设备吊装时严禁撞击墙体。

⑥ 底板防水施工时，严禁穿硬底带钉的鞋在上面行走。底板防水施工完毕后，办理交接手续，及时做防水保护层。

⑦ 防水混凝土浇筑完毕后，拆模时不得撞动金属止水带和扯破橡塑变形缝止水带，并且对该部分成品采取有针对性的保护措施，办理交接手续。

6. 外墙保护

① 外墙装饰尽量避免雨天施工。

② 外墙架子拆除时清理外墙的垃圾油污，防止钢管划伤装饰面。

③ 外墙施工钢管及砂浆吊运时由专人指挥，严禁出现吊件撞墙事故。

二、绿化工程成品保护常见管理措施

1. 浇水

土壤、水分、养分是植物生长必不可少的三个基本要素。在土壤已经选定的条件下，必须保证植物生长所需的水分和养分，以利尽快达到绿化设计要求和景观效果。

① 浇水原则。根据不同植物生物学特征（树木、花、草）、大小、季节、土壤干湿程度确定。需做到及时、适量、浇足浇遍、不遗漏地块和植株。生长季节及春旱、秋旱季节适时增加叶面喷水，保证土壤湿度及空气湿度。

② 浇水量。根据不同植物种类、气候、季节和土壤干湿度确定。一般情况下，乔木浇水量为30～40kg/(次·株)，灌木浇水量为20～30kg/(次·m^2)，草坪浇水量为10～20kg/m^2，深度以渗达根部、土壤不干涸为宜。气候特别干旱时，除浇足水外，还应增加叶面喷水保湿，减少蒸发。要求浇遍浇透。

③ 浇水次数。开春后植物进入生长期，需及时补充水分。生长期应每天浇水，休眠期每半月或一个月浇水一次，花卉草坪应按生长要求适时浇水。各种植物年浇水次数不得少于下列值：乔木6次；灌木8次；草坪18次。

④ 浇水时间。浇水时间集中于春、夏、秋末。夏季高温季节应在早晨或傍晚时进行，冬季宜午后进行。每年9月至次年5月，每周对灌木进行冲洗，确保植物叶面干净。

⑤ 浇水方式。无论是用水车喷洒或就近水源灌溉，都必须保证浇水所用工具和机具运行良好。最好采用漫灌式浇水。土壤特别板结或泥沙过重，水分难以渗透时，应先松土，草坪打孔后再浇。肉质根及球根植物浇水以土壤不干燥为宜。

⑥ 雨季应注意防涝排洪，清除积水，防止树木倒伏，可用支柱扶正。

2. 施肥

① 施肥是提供植物生长所需养分的有效途径。若区域本身土质较差，空气污染较严重，土壤肥力较低，施肥工作尤为重要。

② 施肥主要有基肥和追肥。植物休眠期内施基肥，以充分发酵的有机肥为好。追肥可用复合有机肥或化肥。花灌木在开花后，要施一次以磷、钾肥为主的追肥，秋季采用磷、钾肥，后期追肥。施肥以浇灌为主，结合叶面喷洒等辅助补肥措施。

③ 施肥量。根据不同植物、生长状况、季节确定。应量少次多，以不造成肥害为度，同时满足植物对养分的需要。追肥因肥料种类而异，如尿素每亩（1亩≈666.67m^2）用量不超过20kg。

④ 施肥次数。根据不同植物、生长状况、季节确定，如乔木基肥每年不少于1次，追肥每年不少于2次；草坪、花卉追肥每年1次。追肥以生态有机肥为主，适量追加复合肥。追肥通常安排在春夏两季，对于花卉和有特殊要求的植物应增加施肥次数。地被植物在每年春秋雨季，结合浇水进行追肥，采用氮∶磷∶钾为10∶8∶6的肥料，用量3.0g/m^2。施用生态有机肥与灌沙打孔的改善通气工作可结合进行，以增加植物抗性及长势。秋冬季，疏草、打孔、切根、追肥、供水可结合进行。

⑤ 新栽植物或根系受伤植物，未愈合前不应施肥。

⑥ 施肥应均匀。基肥应充分腐熟埋入土中，化肥忌干施，应充分溶解后再施用，用量应适当。

⑦ 施肥应结合松土、浇水进行。

3. 松土、除草

① 松土。生长季节进行，用钉耙或窄锄将土挖松，应在草坪上打孔、打洞以改善根

系通气状况，调节土壤水分含量，提高施肥效果。打孔、灌沙、切根、疏草常结合进行，一般采用50穴/m^2，穴间距为15cm×5cm，穴径为1.5～3.5cm，穴深为8cm，每年不能少于2次。

② 除草。掌握“除早、除小、除了”的原则。绿地中应随时保持无杂草，保证土壤的纯净度。除草应尽量连根除掉。一旦发现杂草，除用人工挑除外，还可用化学除草剂。应正确掌握和了解化学除草剂的药理，先试验后使用，以不造成药害为度。

4. 植物的修剪

① 修剪应根据植物的种类、习性、设计意图、养护季节、景观效果进行，修剪后要求达到均衡树势、调节生长、枝繁叶茂的目的。

② 修剪包括剥芽、摘心摘芽、疏枝、短截、疏花疏果、整形、更冠等技术方法，宜多疏少截。

③ 修剪时间：天竺桂等落叶乔木在休眠期进行，灌木根据设计的景观造型要求及时进行。

④ 修剪次数：乔木不能少于1次/年，造型色彩灌木4～6次/年，结合修剪清除枯枝落叶；球形植物的弧边要求修剪圆阔。

⑤ 花灌木定型修剪：分枝点上树冠圆满，枝条分布均匀，生长健壮，花枝保留3～5个，随时清除侧枝、蘖芽；球形灌木应保护树冠丰满，形状良好；色块灌木按要求的高度修剪，平面平整，边角整齐；绿篱式灌木观赏的三方应整齐。

⑥ 对某种植物进行重度修剪时或操作人员拿不准修剪尺度时，须通知监理工程师，在其指导下进行。

⑦ 修剪须按技术操作规程和要求进行，同时须注意安全。

5. 病虫害防治

① 植物病虫害防治可保证植物不受伤害，达到理想的生长效果，是养护管理的重要措施，必须及时有效地抓好该项工作。

② 病虫害防治必须贯彻“预防为主，综合防治”的植保方针，病虫害发生率应控制在5%以下。尽可能采用综合防治技术，使用无污染、低毒性农药，把农药污染控制在最低限度。

③ 掌握植物病虫发生、发展规律，以防为主，以治为辅，将病虫控制和消灭在危害前。要求勤观察发现，及时防治。

a. 食叶害虫，在幼虫盛卵期采用90%晶体敌百虫1000～1500倍液，25%溴氰菊酯400倍液喷施防治；冬季结合修校整形剪除上部越冬虫口，并将剪下的虫苞集中销毁。蚧壳虫、螨类、蚜虫等，用40%氧化乐果1500～2000倍液，40%速蚧克、速补杀进行防治。

b. 植物病害，结合乔、灌木具体树种针对进行。养护管理期应加强管理，注意通风，控制温度，增施磷、钾肥，增强植物抗病能力，及时清除病枝、病叶。发病期喷25%粉锈宁可湿性粉剂1500～2000倍液或70%甲基托布津，50%代森铵等可湿性粉剂800～1500倍液，以控制蔓延，时间要求每隔10天左右一次，连续2～3次用药，防治锈病、白粉病、黑斑病等症状。力争做到预防为主，综合防治。

④ 正确掌握各种农药的药理作用，充分阅读农药使用说明书，注意农药的使用，对症下药，配制准确，使用方法正确。混合充分、喷洒均匀，不造成药害。

⑤ 防治及时、不拖不等。乔木 3～5 次/年；灌木 5～8 次/年；草坪 8～12 次/年。

⑥ 农药应妥善保管，严格按操作规程使用，特别是道路绿化区域应高度注意自身及他人安全。

6. 补栽

① 补栽应按设计方案使用同品种、同规格的苗木。补栽的苗木与已成形的苗木胸径相差不能超过 0.5cm，灌木高度相差不能超过 5cm，色块灌木高度相差不得超过 10cm。

② 补栽须及时，不得拖延。原则上自行确定补栽时间，当工程管理部门通知补栽时不得超过 5 个工作日。

③ 补栽的植物须精心管理，保证成活，尽快达到同种植物标准。

7. 支柱、扶正

① 道路绿地车流量大，人员流动量大，常会发生因人为因素损坏植物的情况，加上绿地区域空旷，夏季风大难免造成树木倾斜和倒伏，因此扶正和支柱非常重要。

② 支柱所用材料为杉木杆或竹竿，一般采用三角支撑方式，原则上以树木不倾斜为准。不得影响行人通行，并且满足美观、整齐的要求。

③ 树木倾斜和倒伏须及时发现、及时支柱，每月进行一次专项检查。采用铁丝作为捆扎材料时，一定时期应检查捆扎材料对树木有无伤害，如有伤害应及时拆除捆扎材料，另想他法。

8. 绿地清洁卫生

① 每天 8：00～12：00，14：00～18：00 必须有保洁人员在现场，随时保持绿地清洁、美观。

② 及时清除死树、枯枝。

③ 及时清除垃圾、砖头、瓦块等废弃物。

④ 及时清运剪下的植物残体。

三、高温与寒冷季节绿地养护措施

1. 高温季节的养护技术措施

① 对于树冠过于庞大的苗木进行适当修剪、抽稀，减少苗木地上部分的水分蒸发。

② 于每日早晚进行喷水养护，保持苗木地上部分潮湿的环境，建立苗木生长小环境。

③ 针对一些不耐高温及新种苗木采取遮阴措施，但是傍晚必须扯开遮阴网，保证苗木在晚上吸收露水。

④ 经常疏松苗木根部的土壤，如果有必要，对于一些大乔木还可以在根部培土，保证土壤保水能力，保证植物生长需要。

2. 防寒养护技术措施

① 加强栽培管理，适量施肥与灌水促进树木健壮生长，叶量、叶面积增多，提高光合效率高和光合产物，使树体内积累较多的营养物质及糖分，增加抗寒力。

② 灌冻水。在冬季土壤易冻结地区，于土地封冻前灌足一次水，称为“灌冻水”。灌冻水的时间不宜过早，否则会影响抗寒力，一般以“日化夜冻”为宜。

③ 根茎培土冻水灌完后结合封堰，在树木根茎部培起直径 80～100cm、高 40～50cm 的土堆，防止冻伤根茎和树根。同时也能减少土壤水分的蒸发。

④ 复土。在土地封冻以前，可将枝条柔软、树身不高的乔灌木压倒固定，覆细土 40～50cm，轻轻压实。这样不仅能防冻，还可以保持枝干的温度，防止有枯梢。

⑤ 架风障。为降低寒冷、干燥的大风吹袭造成树木冻旱的伤害，可以在树的上方架设风障，高度要超过树高，并用竹竿或者杉木桩牢牢钉住，以防被大风吹倒，漏风处用稻草在外披覆好，或在草席外抹泥填缝。

⑥ 涂白。用石灰加石硫合剂对树干涂白，可以减少向阳皮部因昼夜温差大引起的危害，还可以杀死一些越冬病虫害。

⑦ 春灌。早春土地开始解冻后及时灌水，经常保持土壤湿润，可以降低土温，防止春风吹袭使树枝干枯。

⑧ 培月牙形土堆。在冬季土壤冻结，早春干燥多风的大陆性气候地区，有些树种虽耐寒，但易受冻旱的危害而出现枯梢。因此，对于不便弯压埋土防寒的植株，可于土壤封冻前在树木的北面培一个向南弯曲、高 30～40cm 的月牙形土堆。该土堆早春可挡风，使根系能提早吸水和生长，避免冻旱的发生。

⑨ 卷干、包草。冬季湿冷的地方，对不耐寒的树木（尤其是新栽树），用草绳绕干或用稻草包裹主干和部分主枝来防寒。

【拓展训练】

① 简述竣工验收的程序。

② 编制一套小区景观与绿化工程的竣工资料。

③ 小区硬质景观的成品保护措施有哪些？

④ 景观工程项目中，植物种植常见的保护措施有哪些？

参考文献

[1] 孟兆祯. 风景园林工程 [M]. 北京：中国林业出版社，2012.

[2] 张金炜，王国维. 庭院景观与绿化施工 [M]，北京：机械工业出版社，2015.

[3] 陈祺，陈佳. 景观工程建设现场施工技术 [M]. 北京：化学工业出版社，2011.

[4] 王新华. 新编景观工程施工技术百科全书 [M]. 北京：知识出版社，2006.

[5] 苏晓敬. 景观工程施工 [M]. 北京：中国劳动社会保障出版社，2005.

[6] 吴戈军，田建林. 景观工程施工 [M]. 北京：中国建材工业出版社，2009.

[7] 李欣. 最新景观工程施工技术标准与质量验收规范实用手册 [M]. 合肥：安徽音像出版社，2006.

[8] 陈科东. 景观工程施工技术 [M]. 北京：中国林业出版社，2007.

[9] 廖振辉. 最新景观工程建设实用手册——园路、园桥、场地设计与施工分册 [M]. 合肥：安徽文化音像出版社，2010.

[10] 刘敏. 景观工程施工方案范例精选 [M]. 北京：中国电力出版社，2006.

[11] 韩玉林. 景观工程 [M]. 重庆：重庆大学出版社，2006.

[12] 朱红华. 园林工程技术 [M]. 北京：中国电力出版社，2011.

[13] 朱燕辉. 土建及水景工程-园林景观施工图设计实例图解 [M]. 北京：机械工业出版社，2023.

[14] 刘贺明. 园林景观设计实战 [M]. 北京：化学工业出版社，2023.

[15] 巩玲. 图解园林工程现场施工 [M]. 天津：天津大学出版社，2023.

[16] 郑燕宁，江芳. 园林工程技术与施工管理 [M]. 北京：中国水利水电出版社，2023.

[17] 程春雨. 拟木施工技术与管理浅论 [J]. 安徽农学通报，2010(10)：188.

[18] 许国庆. 驳岸工程施工技术流程与要点 [J]. 现代园艺，2009(4)：67-68.

[19] 史南君. 景观工程中景观挡土墙的种类与处理手法 [J]. 山西建筑，2008(26)：338-339.

[20] 卢海新. 钢筋混凝土结构重檐八角亭施工技术 [J]. 建筑技术，1998(7-12)：760-762.

[21] 崔彦波. 泥木花架的施工工艺 [J]. 现代园艺，2009(4)：46-47.

[22] 雍振华. 景观照明研究 [J]. 苏州科技学院学报（工程技术版），2003(4)：84-88.

[23] 黄金霞，黄根平. 景观照明灯具类型与选用 [J]. 中国照明电器，2008(6)；19-22.